essentials

essentials liefern aktuelles Wissen in konzentrierter Form. Die Essenz dessen, worauf es als „State-of-the-Art" in der gegenwärtigen Fachdiskussion oder in der Praxis ankommt. *essentials* informieren schnell, unkompliziert und verständlich

- als Einführung in ein aktuelles Thema aus Ihrem Fachgebiet
- als Einstieg in ein für Sie noch unbekanntes Themenfeld
- als Einblick, um zum Thema mitreden zu können

Die Bücher in elektronischer und gedruckter Form bringen das Expertenwissen von Springer-Fachautoren kompakt zur Darstellung. Sie sind besonders für die Nutzung als eBook auf Tablet-PCs, eBook-Readern und Smartphones geeignet. *essentials:* Wissensbausteine aus den Wirtschafts-, Sozial- und Geisteswissenschaften, aus Technik und Naturwissenschaften sowie aus Medizin, Psychologie und Gesundheitsberufen. Von renommierten Autoren aller Springer-Verlagsmarken.

Weitere Bände in der Reihe http://www.springer.com/series/13088

Lars Schnieder

Eine Einführung in das European Train Control System (ETCS)

Das einheitliche europäische Zugsteuerungs- und Zugsicherungssystem

 Springer Vieweg

Dr.-Ing Lars Schnieder
ESE Engineering und
Software-Entwicklung GmbH
Braunschweig, Deutschland

ISSN 2197-6708   ISSN 2197-6716   (electronic)
essentials
ISBN 978-3-658-26884-8   ISBN 978-3-658-26885-5   (eBook)
https://doi.org/10.1007/978-3-658-26885-5

Die Deutsche Nationalbibliothek verzeichnet diese Publikation in der Deutschen Nationalbibliografie; detaillierte bibliografische Daten sind im Internet über http://dnb.d-nb.de abrufbar.

Springer Vieweg
© Springer Fachmedien Wiesbaden GmbH, ein Teil von Springer Nature 2019

Springer Vieweg ist ein Imprint der eingetragenen Gesellschaft Springer Fachmedien Wiesbaden GmbH und ist ein Teil von Springer Nature
Die Anschrift der Gesellschaft ist: Abraham-Lincoln-Str. 46, 65189 Wiesbaden, Germany

Was Sie in diesem *essential* finden können

- Motivation zur Einführung von ETCS
- Gesetzliche Grundlagen und Spezifikationen zu ETCS
- Aufbau und Wirkungsweise der technischen Komponenten von ETCS auf den Fahrzeugen und entlang der Strecke sowie der Kommunikation zwischen diesen
- Unterstützung verschiedener bahnbetrieblicher Anwendungsfälle durch die unterschiedlichen ETCS-Betriebsarten

Vorwort

Grenzüberschreitende Mobilität war im europäischen Schienenverkehr lange Zeit geprägt von technischen, betrieblichen und auch normativen Hemmnissen. Unterschiedliche Traktionsstromsysteme, verschiedene Spurweiten aber auch unterschiedliche Zugsteuerungs- und Zugsicherungssysteme waren ursächlich dafür, dass die Eisenbahn gegenüber anderen Verkehrsträgern zunehmend weniger wettbewerbsfähig war. Im letzten Jahrzehnt des letzten Jahrhunderts wurde der rechtliche Rahmen zum Aufbau eines einheitlichen Eisenbahnsystems in der Europäischen Union geschaffen. Seither wurden umfassende „harmonisierte Normen" zur Vereinheitlichung von Zulassungsprozessen signaltechnischer Systeme geschaffen. Diese wurden mittlerweile mehrfach überarbeitet und an die Erfahrung und fortschreitende Entwicklung angepasst. Gleichzeitig wurde mit dem European Train Control System (ETCS) ein europaweit einheitliches Zugsteuerungs- und Zugsicherungssystem spezifiziert. ETCS beseitigt ein zentrales technisches Hemmnis im grenzüberschreitenden Zugverkehr. ETCS steigert die Wettbewerbfähigkeit der Eisenbahn durch die Erhöhung ihrer Sicherheit, Leistungsfähigkeit und Wirtschaftlichkeit.

Meine berufliche Tätigkeit in der Eisenbahnzulieferindustrie, meine berufsbegleitende Hochschullehre sowie die Praxis in meinen Beratungs- und Begutachtungsprojekten zeigt den Bedarf, die Grundsätze des Zugsteuerungs- und Zugsicherungssystems ETCS in einer deutschsprachigen Publikation prägnant zusammenzufassen. Dieses *essential* ermöglicht Studierenden und Praktikern der Bahnbranche einen schnellen Einstieg in das Thema. Darüber hinaus bietet es Anknüpfungspunkte für eine weitergehende Recherche.

Lars Schnieder

Inhaltsverzeichnis

In den letzten mehr als hundert Jahren haben sich in Europa sehr stark national geprägte Eisenbahnsysteme herausgebildet. In der Vergangenheit erschwerten technische und betriebliche Hemmnisse einen grenzüberschreitenden Bahnverkehr oder machten diesen in der Praxis gar unmöglich. Bis heute nutzen die Eisenbahninfrastruktur- und Eisenbahnverkehrsunternehmen vorwiegend eigene, nationale Systeme mit entsprechenden Außensignalen für den konventionellen Bahnverkehr oder eine Führerstandssignalisierung für den Hochgeschwindigkeitsverkehr. Teilweise werden bei einem Bahnbetreiber auch mehrere unterschiedliche Sicherungssysteme eingesetzt. Aus diesem Grund existieren heute über 20 verschiedene Zugsteuerungs- und Zugsicherungssystemen. Als Beispiele seien hier Deutschland (Indusi, LZB, ZUB für Neigetechnik), Frankreich (Crocodile, KVB, TVM) und die Schweiz (SIGNUM, ZUB 121) genannt. Dies hat die folgenden Nachteile:

- *Mehrfachausrüstung:* Die Mehrfachausrüstung von Fahrzeugen mit einer Vielzahl von Zugsteuerungs- und Zugsicherungssystemen führt zu erheblichen Mehrkosten für Investitionen und die in jedem Land zu durchlaufenden Zulassungsprozesse.
- *Fahrzeugwechsel an der Landesgrenze:* Erforderliche Wechsel des Triebfahrzeugs an der Landesgrenze führen zu längeren Betriebshaltezeiten und verlängert entsprechend die Reisezeiten. Hierdurch sinkt die Attraktivität der Bahn im verkehrsträgerübergreifenden Wettbewerb.
- Fehlende Wettbewerbsfähigkeit: Aus den beiden zuvor genannten Punkten resultierte, dass der Verkehrsträger Schiene im intermodalen Wettbewerb zunehmend nicht mehr wettbewerbsfähig war.

Die Kommission der Europäischen Union hat die bestehenden Probleme Mitte der 90'er Jahre des letzten Jahrhunderts erkannt und ein umfangreiches

© Springer Fachmedien Wiesbaden GmbH, ein Teil von Springer Nature 2019
L. Schneider, *Eine Einführung in das European Train Control System (ETCS)*,
essentials, https://doi.org/10.1007/978-3-658-26885-5_1

Maßnahmenpaket erlassen. Dieses Maßnahmenpaket zielt neben der Verwirklichung der vier Grundfreiheiten im europäischen Binnenmarkt (Freiheit des Kapital-, Waren-, Dienstleistungs- und Personenverkehr) auf einen qualitätsgerechten, leistungsfähigen und wirtschaftlichen Eisenbahnverkehr. Dies war Auslöser für das europäische Gemeinschaftsprojekt *European Rail Traffic Management System* (ERTMS). Ziel dieses Vorhabens ist die Schaffung eines einheitlichen Zugsteuerungs- und Zugsicherungssystems sowie der zugehörigen Signalgebung. Mit der Einführung des ERTMS sind die folgenden Erwartungen verbunden:

- *Schaffung eines freien Marktzugangs:* Insbesondere für den öffentlichen Sektor ist die öffentliche Ausschreibung und die transparente diskriminierungsfreie Vergabe von Lieferungen und Leistungen eine grundlegende Anforderung. In der Vergangenheit war ein Wettbewerb unterschiedlicher Anbieter wegen proprietärer signaltechnischer Systemlösungen nicht möglich. Durch harmonisierte Normen (bspw. erstellt durch die europäische Normungsorganisation CENELEC, Comité Européen de Normalisation Électrotechnique) wird die Grundlage einer Zulassung technisch einheitlicher Systeme geschaffen.
- *Interoperabilität:* Da Personen- und Güterzüge immer mehr grenzüberschreitend verkehren und auf ihrem Laufweg mehrere Länder passieren, ist die Interoperabilität eine fundamentale Anforderung für einen zeitgemäßen Bahnbetrieb. Bestehende Hindernisse für die Interoperabilität sind Spurweiten, Lichtraumprofile, Traktionsstromversorgung, aber auch die Zugsteuerungs- und Zugsicherungssysteme. Europaweit mehr als 20 verschiedene nationale Systeme machen es unmöglich, für alle Zugsicherungs- und Zugsteuerungssysteme die hierfür erforderlichen Antennen unter dem Fahrzeug und die entsprechenden Anzeigen im Führerstand zu verbauen. Durch die Kompatibilität der Zugsteuerungs- und Zugsicherungssysteme wird die technische Grundlage für einen diskriminierungsfreien Netzzugang auch für unterschiedliche Verkehrsunternehmen geschaffen.
- *Sicherer und qualitätsgerechter Betrieb:* Bestehende nationale Zugsteuerungs- und Zugsicherungssysteme haben oftmals Einschränkungen bezüglich des erreichbaren Sicherheitsniveaus. In vielen Netzen besteht die Notwendigkeit, alte Zugsteuerungs- und Zugsicherungssysteme gegen neuere und zuverlässigere Systeme auszutauschen. Für höhere Geschwindigkeiten wegen der Schwierigkeit Lichtsignale frühzeitig erkennen zu können ein Übergang zu einer Führerstandssignalisierung erforderlich. In diesem Fall übernimmt das automatisierte Zugsteuerungs- und Zugsicherungssystem die Verantwortung für das sichere Führen des Zuges (Winter et al. 2009).

- *Erhöhung der Streckenleistungsfähigkeit:* Eisenbahninfrastrukturunternehmen müssen die Streckenleistungsfähigkeit bestehender Infrastrukturen der steigenden Verkehrsnachfrage anpassen. Da die Errichtung neuer Strecken oder Bahnhöfe kostenintensiv, zeitaufwendig oder gegebenenfalls gar nicht möglich ist, ist es das Ziel, die Leistungsfähigkeit bestehender Strecken durch fortgeschrittene Sicherungsverfahren bis zu den technischen/physikalischen Grenzen auszuschöpfen. Ein Schlüssel hierzu ist – wie bei städtischen Schienenverkehrssystemen bereits heute üblich (Schnieder 2019) – eine Abkehr von der Regelung der Zugfolge von einem Fahren im festen Raumabstand und eine Hinwendung zu einem Fahren im wandernden Raumabstand (Pachl 2016).
- *Reduktion der Lebenszykluskosten:* Eisenbahninfrastruktur folgt langfristigen Technologiezyklen. Einmal getroffene Investitionsentscheidungen bestimmen langfristig die Kostenbasis von Eisenbahninfrastrukturunternehmen. Durch herstellerunabhängige Standards werden Investitionskosten gesenkt. Eine bidirektionale funkunterstützte Übertragung signaltechnischer Informationen erlaubt darüber hinaus den Verzicht auf ortsfeste Signale, bzw. gegebenenfalls auch auf technische Systeme zur Gleisfreimeldung entlang der Strecke. Hieraus resultierende massive Einsparungen in der Instandhaltung rechtfertigen gegebenenfalls höhere Investitionskosten für eine leistungsfähige Signaltechnik.

Die Hauptbestandteile des ERTMS sind das Signal- und Zugsicherungssystem European Train Control System (ETCS) und das digitale Mobilfunk-Kommunikationssystem, Global System for Mobile Communication Railway (GSM-R). Der Schwerpunkt dieses *essentials* ist das European Train Control System (ETCS). Für das Verständnis eines funkbasierten Zugsteuerungs- und Zugsicherungssystems wird hierbei auf GSM-R nur insoweit Bezug genommen, wie dies für das Verständnis von ETCS erforderlich ist.

Gesetzliche Grundlagen und Spezifikationen zu ETCS

2

Mit dem Ziel eines sicheren und leistungsfähigen grenzüberschreitenden Schienenverkehrs hat die Kommission der Europäischen Union seit Mitte der 90'er Jahre des letzten Jahrhunderts umfangreiche rechtliche Regelungen erlassen. Diese wurden nachfolgend von den Mitgliedsstaaten in nationales Recht überführt. In diesem Kapitel wird die grundsätzliche Struktur gesetzlicher Grundlagen auf europäischer Ebene und hierauf basierender Spezifikationen zu ETCS vorgestellt. Der Rechtsrahmen in der Europäischen Union ist wie folgt strukturiert:

- Das *Primärrecht* bezeichnet im Rechtssystem der Europäischen Union die grundlegenden Verträge (z. B. Römische Verträge). Das Primärrecht enthält die grundlegende Definition der mit der Gründung der Europäischen Union verbundenen Ziele (beispielsweise die Schaffung gleicher Lebensverhältnisse in der Europäischen Union sowie die Verwirklichung eines einheitlichen Binnenmarktes).
- Das *Sekundärrecht* ist die zweite Säule des Rechtssystems der Europäischen Union. Hierbei handelt es sich auf der Grundlage des Primärrechts erlassene Rechtsakte. Zentral sind hierbei die Richtlinien für die Interoperabilität des Eisenbahnsystems in der Gemeinschaft. Diese wurden zunächst für das transeuropäische Hochgeschwindigkeitsbahnsystem (erstmals gültig mit der Richtlinie 96/48/EG) und in weiterer Folge auch für das konventionelle Bahnsystem (erstmals gültig mit der Richtlinie 2001/16/EG) verabschiedet. Beide Richtlinien wurden in der Zwischenzeit mehrfach aktualisiert, zusammengeführt und sind aktuell in der Richtlinie 2008/57 über die Interoperabilität des Eisenbahnsystems in der Gemeinschaft („Interoperabilitätsrichtlinie") gültig.

© Springer Fachmedien Wiesbaden GmbH, ein Teil von Springer Nature 2019
L. Schnieder, *Eine Einführung in das European Train Control System (ETCS),*
essentials, https://doi.org/10.1007/978-3-658-26885-5_2

Die Interoperabilitätsrichtlinie benennt verschiedene für einen grenzüberschreitenden Eisenbahnverkehr essentielle strukturelle Teilsysteme:
- Infrastruktur
- Energie
- Fahrzeuge
- fahrzeugseitige Zugsteuerung, Zugsicherung und Signalgebung
- streckenseitige Zugsteuerung, Zugsicherung und Signalgebung
- Für jedes in der Interoperabilitätsrichtlinie genannte strukturellen Teilsysteme
  wird auf *technische Spezifikationen für die Interoperabilität (TSI)* verwiesen, welche die jeweiligen Teilsysteme näher beschreiben. Die TSI enthalten die von den
  Teilsystemen zu erfüllende grundlegende Anforderungen. Für Zugsteuerungs- und
  Zugsicherungssysteme sind dies die Sicherheit, die Zuverlässigkeit und Verfügbarkeit, die Gesundheit, der Umweltschutz sowie die technische Kompatibilität.
- Eine weitere Detaillierung erfolgt sowohl durch verbindlich anzunehmende
  technische Spezifikationen als auch durch bei der Entwicklung zu berücksichtigende *harmonisierte Normenharmonisierte Normen* (DIN EN 50126
  für die Spezifikation und den Nachweis der Zuverlässigkeit, Verfügbarkeit, Instandhaltbarkeit und Sicherheit (RAMS); DIN EN 50128 für die Entwicklung von Software für Eisenbahnsteuerungs- und Überwachungssysteme;
  DIN EN 50129 für sicherheitsrelevante elektronische Systeme für Signaltechnik sowie die DIN EN 50159 für die Sicherheit der Datenübertragung über
  geschlossene/offene Kommunikationsnetze).

Das ETCS wird in einer umfassenden Systemdefinition SRS (System Require-
ments Specification) genau beschrieben. Die ETCS-Spezifikation kann dabei als
ein großer Baukasten von Funktionalitäten verstanden werden, der mit jeder neuen
Version wächst. Bei der Fortschreibung dieses Standards werden inkompatible
größere Änderungen als neue Hauptversionen *(Baseline)* zusammengefasst. Der
Begriff Baseline entstammt der Softwareentwicklung und dient der Kennzeichnung
der Hauptversionen, das heißt der ersten Versionsziffer. Die bei der Europäischen Eisenbahnagentur verfügbare ETCS-Spezifikation besteht aus zahlreichen
Teilen (sogenannte Subsets). Von diesen Subsets sind manche verpflichtend, manche „nur" informativ. Um eine Interoperabilität an der Schnittstelle zwischen
Fahrzeug- und Streckeneinrichtungen zu gewährleisten, wurden umfassende

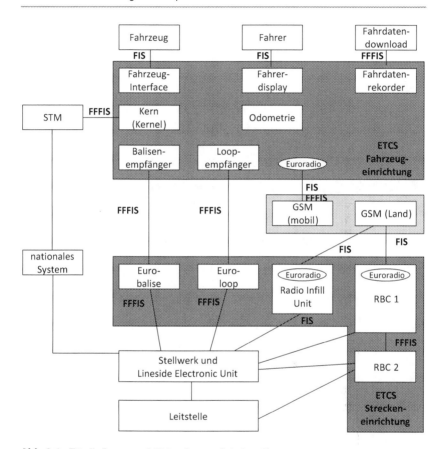

Abb. 2.1   Für die Interoperabilität relevante Schnittstellen

Schnittstellenspezifikationen ausgearbeitet (Interface Specification). Es gibt zwei unterschiedliche Arten von Schnittstellenspezifikationen (vgl. Abb. 2.1):

- *Functional Interface Specification (FIS):* In diesen Dokumenten wird lediglich das funktionale Verhalten an der Schnittstelle festgelegt. Dies ist insbesondere dort der Fall, wo die Vorgabe eines standardisierten Schnittstellenprotokolls nicht möglich ist. Ein Beispiel hierfür ist die Schnittstelle des ETCS-Fahrzeuggeräts zum jeweiligen Schienenfahrzeug oder die Schnittstelle zwischen dem jeweiligen nationalen Stellwerkssystem und der Funkstreckenzentrale.

- *Form Fit Function Interface Specification (FFFIS):* Diese Schnittstellen-vereinbarung stellt sowohl eine logische als auch eine physikalische Interoperabilität an den Schnittstellen sicher. Ein Beispiel hierfür ist die Luftschnittstelle von Eurobalise und Euroloop zum Fahrzeug. Eine solche detaillierte Festlegung von Schnittstellen gestattet das Zusammenwirken von Komponenten verschiedener Hersteller. Beispiele für solche verbindlichen Festlegungen sind die Luftschnittstelle von Eurobalise und Euroloop zum Fahrzeug oder die Luftschnittstelle zwischen der Funkstreckenzentrale und dem Fahrzeuggerät (über GSM-R).

Ausrüstungsstufen des ETCS 3

Das European Train Control System (ETCS) kennt verschiedene Ausrüstungsstufen. Diese werden in den Spezifikationsdokumenten auch Levels genannt. Die Ausrüstungsstufen stehen für unterschiedliche technische und betriebliche Verhältnisse zwischen Strecke und Zug. Die Definition der jeweiligen Ausrüstungsstufe hängt vorwiegend davon ab, mit welchen ETCS-Komponenten die Strecke ausgerüstet ist und wie die Informationen auf den Zug übertragen werden. Mit den verschiedenen Ausrüstungsstufen können Bahnbetreiber die Strecken nach ihren jeweiligen Bedürfnissen und Anforderungen ausrüsten. Fahrzeuge mit ETCS-Fahrzeuggeräten beherrschen die meisten Ausrüstungsstufen. Dies ermöglicht den freizügigen Einsatz der Fahrzeuge auf unterschiedlich ausgerüsteten Strecken in Europa. Dieses Kapitel beschreibt die Ausrüstungsstufen des ETCS und Übergänge zwischen diesen.

3.1 Aufbau der Ausrüstungsstufen

Die unterschiedlichen Ausrüstungsstufen unterscheiden sich vor allem in der streckenseitigen Ausrüstung (beispielsweise Signale) und in der Art der Informationsübertragung auf das Fahrzeug (punktförmig an diskreten Punkten entlang der Strecke oder kontinuierlich).

- *ETCS Level 0:* Diese Ausrüstungsstufe ist die unterstes Funktionsstufe. Strecken, die (noch) nicht mit ETCS ausgerüstet sind, fallen hierunter. Der Triebfahrzeugführer fährt den Zug also nach Maßgabe der Außensignale und das ETCS-Fahrzeuggerät überwacht die für diese Ausrüstungsstufe gültige maximal zulässige Geschwindigkeit.

© Springer Fachmedien Wiesbaden GmbH, ein Teil von Springer Nature 2019
L. Schnieder, *Eine Einführung in das European Train Control System (ETCS)*,
essentials, https://doi.org/10.1007/978-3-658-26885-5_3

- *ETCS Level STM:* Diese Ausrüstungsstufe kommt zum Einsatz, wenn mit ETCS ausgerüstete Züge auf Strecken eingesetzt werden sollen, die mit dem bestehenden nationalen Zugsteuerungs- und Zugsicherungssystem ausgerüstet sind. Die vom nationalen Zugsteuerungs- und Zugsicherungssystem ermittelten Führungsgrößen werden über die Kommunikationskanäle des nationalen Systems auf das Fahrzeug übertragen. Auf dem Fahrzeug werden diese Informationen vom sogenannten Specific Transmission Module (STM) in vom ETCS-Fahrzeugrechner interpretierbare Informationen umgewandelt und an diesen übergeben. Das ETCS-Fahrzeuggerät überwacht mittels der erhaltenen Informationen die zulässige Fahrweise des Zuges und leitet bei erkannten Abweichungen eine sicherheitsgerichtete Reaktion ein. Für jedes nationale Zugsteuerungs- und Zugsicherungssystem ist ein separates STM erforderlich. Der Umfang an Überwachungsfunktionen sowie die dem Triebfahrzeugführer angezeigten Informationen hängen vom unterlagerten nationalen Zugsteuerungs- und Zugsicherungssystem ab.
- *ETCS Level 1:* Diese Ausrüstungsstufe wird dem bestehenden Stellwerk überlagert. In dieser Ausrüstungsstufe bleibt ein vollständiges, ortsfestes Signalsystem mit nationaler Signalisierung und Gleisfreimeldung in vollem Umfang erhalten. Die Fahrbegriffe der Signale werden zusammen mit Streckendaten an diskreten Punkten mittels Eurobalisen entlang der Strecke auf das Fahrzeug übertragen. Der ETCS-Fahrzeugrechner berechnet aus diesen Daten kontinuierlich die höchste zulässige Geschwindigkeit des Fahrzeugs und überwacht die Bremskurve am Ende einer Fahrerlaubnis (vgl. Abb. 3.1).

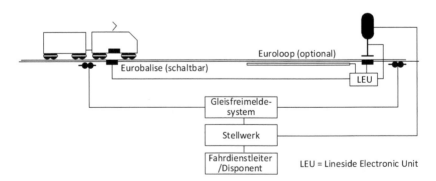

Abb. 3.1 Komponenten in der ETCS Ausrüstungsstufe 1. (Eigene Darstellung in Anlehnung an Pachl 2006)

- *ETCS Level 2:* Diese Ausrüstungsstufe wird dem bestehenden Stellwerk als funkbasiertes Signal- und Zugsicherungssystem überlagert. Die Überwachung der vollständigen Räumung eines Gleisabschnitts wird nach wie vor von streckenseitigen Gleisfreimeldesystemen (bspw. Achszählsystemen oder Gleisstromkreisen) übernommen. Dem Triebfahrzeugführer wird die Fahrerlaubnis auf dem Bedien- und Anzeigegerät (DMI) im Führerstand angezeigt. Die Eurobalisen werden nur als fest programmierte Ortungsbalisen wie „elektronische Kilometersteine" eingesetzt. Sie können nicht mehr – wie in ETCS-Ausrüstungsstufe 1 – variabel mit verschiedenen Informationen für die Fahrzeuge versehen werden. Mit Ausnahme von Tafeln kann auf eine Außensignalisierung vollständig verzichtet werden. Der ETCS-Fahrzeugrechner berechnet und überwacht aus den übermittelten Daten und den Daten des Zuges kontinuierlich die zulässige Höchstgeschwindigkeit und die Sollbremskurve am Ende einer Fahrerlaubnis (Abb. 3.2).

- *ETCS Level 3:* Diese Ausrüstungsstufe erlaubt einen Verzicht auf streckenseitige Gleisfreimeldeeinrichtungen. Die Position des Zuges wird von einer zugseitigen Ortungseinrichtung bestimmt und über Funk an die Streckenausrüstung übertragen. Zusätzlich wird die Vollständigkeit des Zugverbandes über technische Einrichtungen an Bord des Zuges ermittelt. Die Züge folgen einander nicht mehr

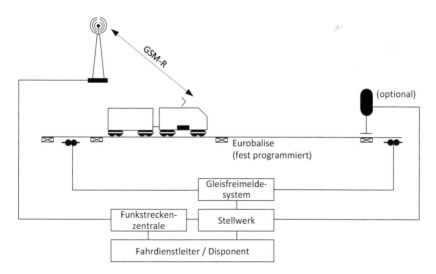

Abb. 3.2 Komponenten in der ETCS Ausrüstungsstufe 2. (Eigene Darstellung in Anlehnung an Pachl 2006)

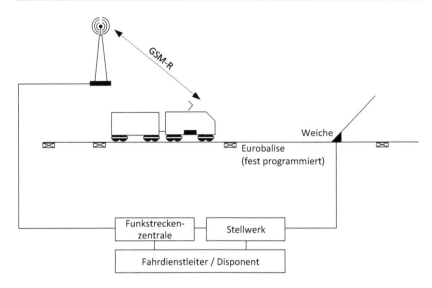

Abb. 3.3 Komponenten in der ETCS Ausrüstungsstufe 3. (Eigene Darstellung in Anlehnung an Pachl 2006)

im Abstand der ortsfesten Gleisfreimeldeabschnitte, sondern im wandernden Raumabstand (sog. *Moving Block*). Auf diese Weise wird eine verkürzte Zugfolgezeit, bzw. eine höhere Streckenkapazität möglich (Abb. 3.3).

3.2   Übergänge zwischen den Ausrüstungsstufen

Zwischen den einzelnen Ausrüstungsstufen bestehen verschiedene Möglichkeiten der Übergänge. Diese Übergänge werden *Transitionen* genannt. Aufgrund der Vielzahl verschiedener Übergangsmöglichkeiten, werden an dieser Stelle nur ausgewählte Transitionen für ein grundlegendes Verständnis von ETCS an dieser Stelle ausführlich behandelt.

3.2.1   Aufnahme in Ausrüstungsstufe 1

Die Aufnahme in die Ausrüstungsstufe 1 ist in Abb. 3.4 dargestellt. Für den Zug liegt ein gesicherter Fahrweg über die Grenze des Streckenbereichs vor. Der Triebfahrzeugführer fährt das Fahrzeug vor der Bereichsgrenze ausschließlich

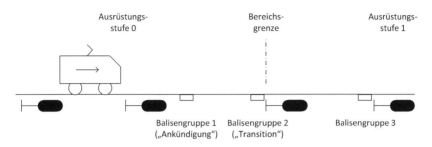

Abb. 3.4 Übergang von Ausrüstungsstufe 0 in Ausrüstungsstufe 1

nach Maßgabe der ortsfesten Signale. Die Aufnahme in die Ausrüstungsstufe 1 erfolgt in mehreren Schritten:

- Balisengruppe 1 enthält eine Ankündigung des Übergangs („Transition") in Ausrüstungsstufe 1 mit einer Entfernungsangabe zur Bereichsgrenze. Der Übergang in Ausrüstungsstufe 1 wird dem Triebfahrzeugführer in seiner Führerstandsanzeige dargestellt. Das Fahrzeug wird zu diesem Zeitpunkt nach wie vor nur auf die Einhaltung der für nicht mit ETCS ausgerüsteten Streckenbereiche maximal zulässigen Geschwindigkeit überwacht.
- Balisengruppe 2 kommandiert den Wechsel in Ausrüstungsstufe 1. Sie überträgt auch einen gültigen Fahrerlaubnis (Movement Authority) sowie Streckeninformationen (Geschwindigkeits- und Gradientenprofil). Mit Überfahrt von Balisengruppe 2 erfolgt der Wechsel in Ausrüstungsstufe 1. Liegen ein gültiger Fahrbefehl und Streckeninformationen vor, wird das Fahrzeug in die Betriebsart Vollüberwachung aufgenommen. Der Fahrbefehl erstreckt sich mindestens bis zum nächsten Signal. Der Fahrbefehl kann dann an Balisengruppe 3 über das Signal hinaus in den nächsten Gleisabschnitt verlängert werden.

3.2.2 Aufnahme in Ausrüstungsstufe 2

Der Aufbau der Funkverbindung des Fahrzeugs zur Funkstreckenzentrale benötigt Zeit. Daher muss rechtzeitig vor der Annäherung an einen Streckenbereich mit der Ausrüstungsstufe 2 der Aufbau der Funkverbindung angestoßen werden. Die Aufnahme in Ausrüstungsstufe 2 erfolgt in mehreren Schritten (vgl. Abb. 3.5).

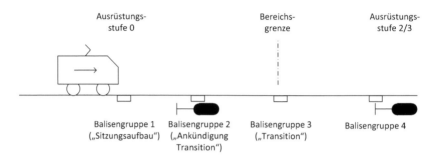

Abb. 3.5 Übergang von Ausrüstungsstufe 0 in Ausrüstungsstufe 2

- Balisengruppe 1 enthält die für die Anmeldung im Netzwerk und bei der zuständigen Funkstreckenzentrale erforderlichen Informationen. Sobald die Kommunikation zwischen dem ETCS-Fahrzeuggerät und der Funkstrecken-zentrale aufgebaut ist, sendet das Fahrzeuggerät seine Zugdaten und fordert einen Fahrbefehl an. Die Funkstreckenzentrale antwortet hierauf mit einer Bestätigung der Zugdaten, übermittelt gültige nationale Werte und teilt dem Fahrzeuggerät mit, wie oft es mit Anforderungen von Fahrbefehlen und Positionsmeldungen an die Funkstreckenzentrale umgehen soll.
- Balisengruppe 2 enthält eine Ankündigung des Übergangs in Ausrüstungs-stufe 2. Bei Überfahren von Balisengrupe 2 übermittelt das Fahrzeug seine Position in Bezug auf diese Balisengruppe an die Funkstreckenzentrale. Die Funkstreckenzentrale sendet einen Fahrbefehl und Streckeninformationen (Geschwindigkeits- und Gradientenprofil) an das Fahrzeuggerät, sobald der Fahrweg technisch gesichert ist. Die Ortsreferenz dieser Informationen bezieht sich auf Balisengruppe 2. Das Fahrzeug wird nach wie vor lediglich auf die Einhaltung der für eine Fahrt in nicht mit ETCS ausgerüsteten Strecken-bereichen zulässige Geschwindigkeit überwacht.
- Mit der Überfahrt von Balisengruppe 3 wird das Fahrzeug in Ausrüstungsstufe 2 aufgenommen. Dem Triebfahrzeugfüher wird der Wechsel in Ausrüstungs-stufe 2 angezeigt. Liegen alle Voraussetzungen vor (Fahrbefehl und Strecken-informationen), wechselt das Fahrzeug in die Betriebsart Vollüberwachung (Abb. 3.5).

3.2.3 Entlassung in Ausrüstungsstufe 0

Die Entlassung aus ETCS Ausrüstungsstufe 1 in Ausrüstungsstufe 0 ist in Abb. 3.6 dargestellt. Die Entlassung in Ausrüstungsstufe 0 erfolgt in mehreren Schritten:

- Das Fahrzeug passiert Balisengruppe 1 und empfängt einen Fahrbefehl und Streckeninformationen. Um zu verhindern, dass das Fahrzeug den Bereich hinter der Bereichsgrenze mit einer zu hohen Geschwindigkeit befährt, können die Streckeninformationen auch Streckenbereiche hinter der Bereichsgrenze mit umfassen.
- Balisengruppe 2 kündigt die Entlassung aus der aktuellen Ausrüstungs-stufe an. Befährt die Spitze des Zuges den Streckenbereich vor der Bereichs-grenze, wird der Triebfahrzeugführer zur Quittierung aufgefordert. Bestätigt der Triebfahrzeugführer den Übergang, wird die Bereichsgrenze mit der hier-für zugelassenen Geschwindigkeit überfahren. Das Fahrzeug wechselt in die Ausrüstungsstufe 0 und in die Betriebsart UN (Unfitted; Überwachung der maximal zulässigen Geschwindigkeit für diese Betriebsart). Bestätigt der Triebfahrzeugführer dies nicht, passiert das Fahrzeug die Bereichsgrenze mit der hierfür zulässigen Geschwindigkeit.
- Balisengruppe 3 kommandiert das Fahrzeug in die Ausrüstungsstufe 0. Der Triebfahrzeugführer muss spätestens jetzt innerhalb von 5 Sekunden quittieren. Geschieht dies abermals nicht, wird eine Betriebsbremse ausgelöst, die nur durch ein Quittieren des Wechsels der Ausrüstungsstufe wieder zurückgenommen wer-den kann.

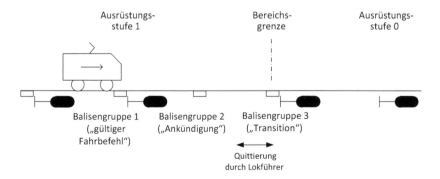

Abb. 3.6 Entlassung in Ausrüstungsstufe 0

Technische ETCS-Komponenten

4

Um sicherzustellen, dass ETCS-Fahrzeuggeräte eines Herstellers ohne Probleme auf Streckenbereichen mit ETCS-Streckeneinrichtungen eines anderen Herstellers verkehren können, werden in den gültigen ETCS-Spezifikationen entsprechende Schnittstellen verbindlich festgelegt. Am Luftspalt zwischen Fahrzeug- und Streckeneinrichtungen sind diese Schnittstellen eindeutig herstellerübergreifend festgelegt und damit beliebig austauschbar. Innerhalb der ETCS-Streckeneinrichtung sowie der ETCS-Fahrzeugeinrichtung existieren verschiedene unterscheidbare technische Komponenten. Innerhalb der Fahrzeug- und Streckeneinrichtung sind die einzelnen Komponenten untereinander jedoch nicht beliebig austauschbar. Dieses Kapitel stellt die unterschiedlichen ETCS-Komponenten auf der Strecke und auf dem Fahrzeug dar.

4.1 Streckenseitige ETCS-Komponenten

Für das ETCS wurden verschiedenen streckenseitigen Komponenten spezifiziert. Diese werden nachfolgend vorgestellt.

Die *Eurobalise* speichert bahnbetriebliche Informationen und überträgt diese an das Triebfahrzeug (Up-link-Signal), wenn dieses die Eurobalise passiert. Eurobalisen sind mittig zwischen den Schienen auf der Schwelle oder auf einem Balisenträger montiert. Über die Fahrzeugantenne wird permanent ein 27,095 MHz Signal ins Gleisbett abgestrahlt. Damit wird die Eurobalise bei Überfahrt durch das Fahrzeug (herstellerübergreifend standardisierte Schnittstelle A4) mit Energie versorgt und aktiviert. Nach ihrer Aktivierung sendet die Eurobalise kontinuierlich wiederholend ein Telegramm bei 4,24 MHz (herstellerübergreifend standardisierte Schnittstelle A1) an die Fahrzeugantenne zurück. Die Fahrzeugantenne empfängt

© Springer Fachmedien Wiesbaden GmbH, ein Teil von Springer Nature 2019
L. Schnieder, *Eine Einführung in das European Train Control System (ETCS)*,
essentials, https://doi.org/10.1007/978-3-658-26885-5_4

dieses Telegramm und leitet es über die Empfangs- und Übertragungseinheit an den Fahrzeugrechner weiter. Je nach Verwendungszweck können Eurobalisen feste oder veränderliche Telegramme gespeichert haben:

- *Festdatenbalisen* werden zur Übertragung von unveränderlichen und fest programmierten Daten verwendet. Bei Ortungsbalisen sind dies die Balisennummern und die Balisenkoordinaten, damit die genaue Position des Zuges ermittelt werden kann, und um die Wegmessung des Fahrzeugs neu zu justieren. Die Festdatenbalisen dienen in diesem Fall als „elektronische Kilometersteine". Festdatenbalisen kommen auch als Anmeldebalisen zur Auslösung der Verbindungsaufnahme mit der Funkstreckenzentrale über GSM-R zum Einsatz (vgl. Abschn. 3.2.2).

- *Transparentdatenbalisen* (auch schaltbare Balisen genannt) werden zur Übermittlung von veränderlichen Informationen benötigt. Bei einer Transparentdatenbalise wird ein über eine Kabelschnittstelle (herstellerübergreifend standardisierte Schnittstelle C) ein ständig anstehendes Telegramm transparent, also ohne Zwischenspeicherung, an das Triebfahrzeug gesendet. Das Telegramm ist in der Lineside Electronic Unit (LEU) fest gespeichert und wird über eine Zuordnungslogik variabel (beispielsweise in Abhängigkeit des Zustands eines Signals) ausgewählt. Erkennt die Eurobalise einen Ausfall der Schnittstelle zur Lineside Electronic Unit, erfolgt eine sicherheitsgerichtete Reaktion. Es wird automatisch auf ein intern gespeichertes Default-Telegramm umgeschaltet (Bruer 2009).

Der *Euroloop* ist ein System zur linienförmigen Datenübertragung über begrenzte Entfernungen nach dem Prinzip des Linienleiters. Der Euroloop besteht aus einem im Gleis verlegten elektrisch strahlenden Kabel (maximal 1000 m Länge). Der Euroloop wird von einer Eurobalise angekündigt (End of Loop Marker, EOLM). Hierdurch wird verhindert, dass das Fahrzeuggerät Informationen eines Euroloops auf einem benachbarten Gleis auswertet (sog. „Crosstalk"). Der Euroloop wird durch die Fahrzeugantenne des ETCS-Fahrzeuggeräts aktiviert und sendet zyklisch eine ETCS-Nachricht zum Fahrzeuggerät. Der Euroloop wird zur Steigerung der Streckenleistungsfähigkeit eingesetzt. Der kapazitätssteigernde Effekt des Euroloops ist in Abb. 4.1 dargestellt. Zu dem Zeitpunkt, an dem der vorausfahrende Zug den hinter ihm liegenden Gleisabschnitt räumt, hat der folgende Zug die Eurobalise mit der Ankündigung des Halt zeigenden Signals schon überfahren und befindet sich in der Bremskurvenüberwachung. Der Zug erhält erst auf Höhe des nächsten Signals eine Signalbegriffsaufwertung, wenn er die nächste Eurobalise überfährt (vgl. durchgezogene Zeit-Weg-Linie in Abb. 4.1).

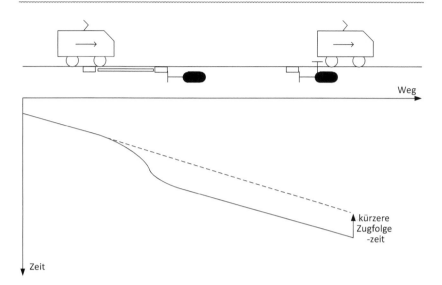

Abb. 4.1 Kapazitätssteigernde Wirkung quasi-kontinuierlicher Datenübertragung (Signal-begriffsaufwertung)

Durch die Ergänzung einer quasi-kontinuierlichen Datenübertragung in Annhähe-rung an das Signal wird dem folgenden Fahrzeug der Hochlauf des Signalbegriffs sofort übermittelt (vgl. gestrichelte Linie in Abb. 4.1). Es entfallen Zeitver-luste für das Bremsen und die Beschleunigung. Zugfolgezeiten von Fahrzeugen werden reduziert, bzw. erhöht sich im Umkehrschluss die Streckenkapazität (in Fahrzeugen pro Stunde).

Die *Lineside Electronic Unit (LEU)* dient als Signaladapter. Die LEU wählt in Abhängigkeit des Signalisierungszustands der Fahrwegsicherung das rich-tige Telegramm aus und speist dies in die angeschlossenen streckenseitigen ETCS-Komponenten (LEU und Transparentdatenbalisen) ein.

Die Lineside Electronic Unit ist kein standardisiertes Subsystem, da die Schnittstelle zur Fahrwegsicherung (bspw. direkt zum Stellwerk oder indirekt zum Lichtsignal) nicht verbindlich vorgegeben ist. Daher gibt es LEUs mit her-stellerspezifischen (proprietären) Schnittstellen zur Fahrwegsicherung sowie LEUs, die über die Auswertung von Relaiskontakten oder den rückwirkungsfreien Abgriff von Informationen von Signallampen mit vergleichsweise geringem Auf-wand an unterschiedliche Stellwerksbauformen angepasst werden können.

Das *Radio Block Center (RBC):* Die Funkstreckenzentrale ist das Herzstück der streckenseitigen ETCS-Ausrüstung im ETCS Level 2. Die Funkstreckenzentrale verfügt über eine Schnittstelle zum Mobilfunknetz (GSM-R), um hierüber Positionsmeldungen von den Fahrzeugen zu empfangen und Fahrbefehle an die Fahrzeuge zu übermitteln. Die einzelnen Schnittstellen der Funkstreckenzentrale zu ihren Umsystemen werden nachfolgend beschrieben:

* *Schnittstelle zur Fahrwegsicherung:* Stellwerke sichern die Fahrwege und übergeben Informationen über den Sicherungszustand des Fahrweges an die Funkstreckenzentrale. Die Funkstreckenzentrale übernimmt diese veränderlichen Fahrweginformationen in ihren Streckenatlas. Im Streckenatlas sind auch streckenbezogene Informationen (u. a. Gradienten) enthalten. Diese Informationen werden mit den veränderlichen Fahrweginformationen zum Fahrbefehl für das Fahrzeug verknüpft. Umgekehrt übergibt die Funkstreckenzentrale auch Informationen an das Stellwerk. Als Beispiel hierfür sei das Dunkelschalten möglicherweise nach wie vor an der Strecke vorhandenen optionalen Signalen für einen in ETCS Ausrüstungsstufe 2 geführten Zug genannt. Dies soll für den Triebfahrzeugführer widersprüchliche Signalbegriffe zwischen der Führerstandsignalisierung und den ortsfesten Signalen vermeiden.
* *Schnittstelle zu den Fahrzeugen:* Die Funkstreckenzentrale überprüft bei Anmeldung des Zuges die Einfahrberechtigung und ordnet diesen bei erfolgreicher Anmeldung dem richtigen Gleis zu. Es ermittelt laufend von jedem angemeldeten Zug die Position, Geschwindigkeit und Fahrrichtung und erteilt den einzelnen Zügen die Fahrerlaubnis. Die Funkstreckenzentrale bildet die Fahrerlaubnis für jeden einzelnen Zug, basierend auf dem Fahrstraßenzustand der vom Stellwerk gemeldet wird und den festen Streckendaten, die in der Funkstreckenzentrale gespeichert sind. Feste Streckendaten sind die Strecken-Höchstgeschwindigkeit und die Streckenneigung. Die Fahrerlaubnis wird rechtzeitig über GSM-R an den jeweiligen Zug gesendet.
* *Schnittstellen zu anderen Funkstreckenzentralen:* Fahrzeuge werden entlang ihres Laufweges von mehreren Funkstreckenzentralen geführt. Wenn die von Funkstreckenzentralen gesteuerten Netzbereiche aneinandergrenzen, muss die Verantwortung für die Übergabe streckenseitiger Führungsgrößen an das Fahrzeug von einer Funkstreckenzentrale an die benachbarte Funkstreckenzentrale übergeben werden. Hierfür sendet die abgebende Funkstreckenzentrale eine Vorankündigung über den sich annähernden Zug an die annehmende Funkstreckenzentrale. Diese Vorankündigung wird beispielsweise dann gesendet, wenn die Fahrerlaubnis an der Bereichsgrenze endet und das Fahrzeug eine Verlängerung der Fahrerlaubnis bei der abgebenden Funkstreckenzentrale angefordert hat. Die annehmende

Funkstreckenzentrale kann den Zug zurückweisen, wenn es die betriebliche Situation in seinem Zuständigkeitsbereich erfordert. Im weiteren Verlauf fordert die abgebende Funkstreckenzentrale fahrwegbezogene Informationen über den Streckenbereich hinter der Bereichsgrenze an, um diese zu einem grenzüberschreitenden Fahrbefehl zu verarbeiten (sog. Route Related Information Request). Im nächsten Schritt wird der RBC-RBC-Übergang dem Fahrzeug angekündigt. Das Fahrzeug wird mittels der empfangenen Kommunikationsparameter unverzüglich eine Kommunikation mit der annehmenden Funkstreckenzentrale aufbauen. Die Sicherheitsverantwortung verbleibt bei der abgebenden Funkstreckenzentrale. Von der annehmenden Funkstreckenzentrale empfangene Daten werden vom Fahrzeug zwischengespeichert, aber nicht durch die Überwachungsfunktionen verwendet. Im nächsten Schritt übernimmt die annehmende Funkstreckenzentrale die Sicherheitsverantwortung für den Zug. Dies wird vom ETCS-Fahrzeuggerät angestoßen. Sobald die Fahrzeugspitze die Grenze überfahren hat, sendet es regelmäßige Positionsmeldungen an die annehmende Funkstreckenzentrale. Von diesem Moment an werden von der abgebenden Funkstreckenzentrale empfangene Fahrbefehle und Streckeninformationen (Geschwindigkeits- und Gradientenprofile) vom Fahrzeug verworfen. Vor der Grenze zwischengespeicherte Informationen der annehmenden Funkstreckenzentrale werden jetzt vom Fahrzeuggerät in den Überwachungsfunktionen verwendet. Die annehmende Funkstreckenzentrale informiert die abgebende Funkstreckenzentrale, dass es die Sicherheitsverantwortung übernommen hat. Das Fahrzeug behält die Kommunikation mit der abgebenden Funkstreckenzentrale nur so lange aufrecht, bis es mit der ganzen Zuglänge die Grenze überfahren hat.

4.2   Fahrzeugseitige ETCS-Komponenten

Das ETCS besteht aus verschiedenen fahrzeugseitigen Komponenten. Diese werden nachfolgend vorgestellt.

- Der *ETCS-Fahrzeugrechner* (European Vital Computer, EVC) ist das Herzstück der fahrzeugseitigen Ausrüstung. Der Fahrzeugrechner muss höchsten Sicherheitsanforderungen genügen. Dies wird durch eine mehrkanalige Verarbeitung gewährleistet. Um eine Aktion auszuführen, müssen immer mindestens zwei Kanäle auf das gleiche Berechnungsergebnis kommen. Andernfalls erfolgt eine sicherheitsgerichtete Zwangsreaktion.
- *Odometrie:* Dies bezeichnet die sicherheitsrelevante Weg- und Geschwindigkeitsmessung, bei der mehrere voneinander unabhängige Sensoren physikalische

Größen erfassen, aus denen der zurückgelegte Weg, die Geschwindigkeit und die Beschleunigung ableitbar sind. Hierbei kommen Wegimpulsgeber, Radarsensoren und/oder Beschleunigungssensoren zum Einsatz. Hierbei variieren die einzelnen Konzepte bei den Systemlösungen der einzelnen Hersteller.

• *Schnittstelle zur Fahrzeugsteuerung (Train Interface Unit, TIU):* Die ETCS-Fahrzeugeinrichtung nimmt Informationen vom Fahrzeug entgegen und übergibt Informationen zum Fahrzeug. Das ETCS-Fahrzeuggerät empfängt vom Fahrzeug für die Steuerung der Betriebsarten relevante Zustandsgrößen (Lokomotive im Fernsteuerbetrieb, Position des Fahrtrichtungsschalters, usw.). das ETCS-Fahrzeuggerät übergibt an das Fahrzeug Kommandos wie den Befehl zur Auslösung der Betriebsbremse oder der Zwangsbremse.

• *Driver Machine Interface (DMI)* sind Bedien- und Anzeigegeräte. Diese Geräte sind die wichtigsten Arbeitsinstrumente des Triebfahrzeugführers. Die Bedien- und Anzeigegeräte können als Touchscreens (bedienbar durch Berühren des Bildschirms) ausgeführt sein. Alle Bedienhandlungen im Zusammenhang mit ETCS und dem Zugfunk werden über die beiden Bildschirme abgewickelt (z. B. Eingabe von Zugdaten oder manuelle Auswahl eines Betriebsartenwechsels). Hier erhält der Lokführer auch alle für die Zugführung relevanten Informationen (z. B. aktuell zulässige Geschwindigkeit und die aktuelle Betriebsart).

• *Fahrdaten-Aufzeichnungsgerät* (Juridical Recorder Unit, JRU): Hier werden alle Fahrdaten inklusive der Bedienhandlungen des Triebfahrzeugführers aufgezeichnet. Im Falle von Unfällen können hierüber für die Rekonstruktion des Unfallhergangs wertvolle Daten ausgelesen werden.

• *GSM-R-Datenfunk:* Der GSM-R-Datenfunk dient der Datenkommunikation von ETCS zwischen der ETCS-Fahrzeugausrüstung und der Streckenzentrale (RBC). Im Regelbetrieb sind hierfür zwei technische Einheiten auf dem Fahrzeug vorhanden.

• *Eurobalisen-Antenne:* Diese Antenne befindet sich unter dem Fahrzeugboden. Sie aktiviert die Eurobalise beim Überfahren und empfängt das von der Eurobalise ausgesendete Datentelegramm.

• *Specific Transmission Module (STM):* Die Idee eines STM ist die Übersetzung der Führungsgrößen des bestehenden nationalen Zugsteuerungs- und Zugsicherungssystems in die ETCS-Sprache. Auf diese Weise können die Führungsgrößen des nationalen Zugsteuerungs- und Zugsicherungssystems vom ETCS-Fahrzeuggerät überwacht werden. Das STM umfasst für die Datenübertragung zwischen Fahrzeug und Strecke erforderlichen Sende- und Empfangseinrichtungen.

4.3   Datenkommunikation zwischen Fahrzeug- und Streckeneinrichtungen

Das *Global System for Mobile Communication Railway (GSM-R)* ist für die Interoperabilität der europäischen Eisenbahnen essentiell. Im Prinzip handelt es sich um eine Erweiterung des weltweit verbreiteten Mobilfunkstandards GSM. Allerdings sind hierbei die Anforderungen an die Verbindungsqualität höher als bei GSM, insbesondere hinsichtlich des sogenannten „Handover" beim Wechsel zwischen zwei Funkzellen, für den ein Maximum von 300 Millisekunden gefordert wird (Geistler und Schwab 2013). Der GSM-R-Sprechfunk bietet im Vergleich mit der analogen Funktechnik einige Zusatzfunktionen. Spezifisch für die Bedürfnisse der Bahnen wurden mehrere Zusatzfunktionen definiert: Gruppenrufe, Funktionale Adressierung, ortsabhängiger Verbindungsaufbau, Sammelrufe, Prioritätenvergabe (Advanced Spech Call Items; ASCI). In der ETCS Ausrüstungsstufe 2 besteht durch den GSM-R-Datenfunk ein Informationsaustausch durch eine permanente bidirektionale drahtlose Datenverbindung zwischen Fahrzeuggerät und Funkstreckenzentrale. Die Fahrerlaubnis – wie auch beispielsweise ein Nothalteauftrag – kann damit ortsunabhängig jederzeit an das Fahrzeug gesendet und auf diesem kontinuierlich überwacht werden. Da über die Funkverbindung zwischen Fahrzeuggerät und Funkstreckenzentrale sicherheitsrelevante Daten übertragen werden, muss diese Kommunikation gemäß EuroRadio-Protokoll (UNISIG SUBSET 37) gesichert werden. Die Datenverbindung wird hierbei als leitungsvermittelte Verbindung (Punkt-zu-Punkt) vom Fahrzeuggerät zur jeweiligen Funkstreckenzentrale aufgebaut. Hierbei muss sichergestellt sein, dass die korrekte (für die zu befahrende Strecke) zuständige Funkstreckenzentrale angerufen wird. Der Kommunikationskanal kann als unsicherer sogenannte „Grauer Kanal" angesehen werden. Die Datenverbindung selbst ist unverschlüsselt, die Sicherheitsebene nach (DIN EN 50159) wird im EuroRadio-Protokoll realisiert und ist fahrzeugseitig im Fahrzeuggerät und streckenseitig in der Gegenstelle in der Funkstreckenzentrale realisiert.

Das GSM-R-Mobilfunksystem besteht aus den folgenden Komponenten (vgl. Abb. 4.2):

- *Base Transceiver Station (BTS):* Dies bezeichnet die GSM-Basisstation. Eine BTS versorgt mindestens eine Funkzelle. Die Basisstation dient der Übertragung über die Funkschnittstelle zur Fahrzeugantennne.

- *Base Station Controller (BSC):* Der Base Station Controller überwacht die Funkverbindungen im Netz und veranlasst gegebenenfalls Zellwechsel (Handover). Wenn bei einem Handover die alte und neue Basisstation

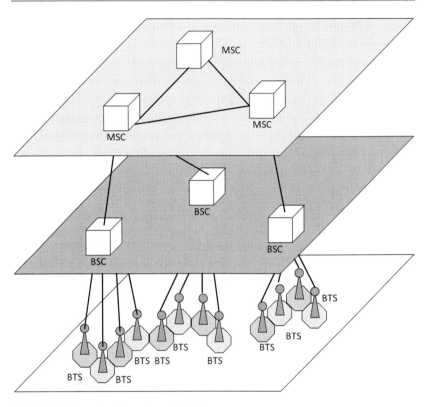

Abb. 4.2 Aufbau des Subsystems GSM-R

am selben Base Station Controller angebunden sind, führt der Controller den Handover selbstständig durch, ansonsten wird das übergeordnete Mobile-services switching centre (MSC) involviert.

- *Mobile-services switching centre (MSC):* Dies ist die Vermittlungsstelle im Mobilfunknetz. Jedem MSC ist ein bestimmter Anteil des Mobilfunknetzes mit den Base Station Controller (BSC) und nachgeordneten Base Transceiver Stations (BTS) fest zugeordnet, die den Funkverkehr abwickeln und steuern. Das MSC besitzt Schnittstellen zu anderen MSC des Mobilfunknetzes sowie zu anderen Telefonnetzen (Burkhardt und Eisenmann 2005).

Frühere Spezifikationen erlauben für ETCS Ausrüstungsstufe 2 nur den Einsatz eines verbindungsorientierten Datendienstes (Circuit Switched Data, CSD) für die Datenübertragung zwischen Funkstreckenzentrale und Fahrzeuggerät. Die für ETCS Ausrüstungsstufe 2 erforderlichen GSM-R Funkkapazitäten im Bereich von Rangierbahnhöfen und Eisenbahnknoten reichen nicht aus, wenn ausschließlich verbindungsbasierte Datendienste verwendet werden. Diese Datendienste sind ineffizient. Dieses Funkkapazitätsproblem löst der Einsatz eines paketorientierten Datendienstes (Packet Switched Data, PSD). Statt verbindungsorientiert erfolgt die Datenübertragung zwischen Funkstreckenzentrale und Fahrzeuggerät paketvermittelt. Damit dieser Datendienst verwendet werden kann, müssen Fahrzeugausrüstung, Streckenausrüstung und Mobilfunknetz PSD-kompatibel sein. Auf diese Weise kann die Zugkapazität der einzelnen Funkzellen um ein Vielfaches gesteigert werden.

Betriebsarten und Betriebsartenübergänge

5

Das European Train Control System (ETCS) verfügt über verschiedene Betriebsarten (Modi). Die Betriebsarten gewährleisten einen sicheren Schienenverkehr in verschiedenen betrieblichen Situationen (beispielsweise im Rangierbetrieb oder bei Fernsteuerung einer Lokomotive am Ende des Zuges aus einem Steuerwagen. Je nach Betriebsart übernimmt das Fahrzeuggerät unterschiedliche Umfänge an Überwachungs-funktionen. Soweit technisch möglich, wird die Betriebsart dem Triebfahrzeugführer mit einem entsprechenden Symbol auf der Führerstandsanzeige angezeigt. Im Betrieb sind Wechsel zwischen den verschiedenen Betriebsarten erforderlich. ETCS sieht Betriebsartenübergänge vor und knüpft diese an klare definierte Voraussetzungen, welche vom Fahrzeuggerät überwacht werden. Die Betriebsarten und Betriebsartenübergänge werden in diesem Abschnitt vorgestellt.

5.1 Betriebsarten mit aktiver Überwachung durch das ETCS-Fahrzeuggerät

Es können unterschiedliche Betriebsarten unterschieden werden, bei denen die Fahrzeugbewegung vom ETCS-Fahrzeuggerät überwacht wird:

- *Full Supervision (FS):* In dieser Betriebsart befindet sich das Fahrzeug in der sogenannten Vollüberwachung. In dieser Betriebsart ist die kontinuierliche Überwachung eines streckenseitig vorgegebenen Geschwindigkeitsprofils durch das Fahrzeuggerät möglich. Damit ist die gesamte Zugsicherung durch die ETCS-Fahrzeugausrüstung garantiert. Die ETCS-Fahrzeugausrüstung kann erst in die Vollüberwachung wechseln, wenn alle benötigten Daten des Zuges (beispielsweise Angaben zu Zuglänge und Bremsvermögen) und der Strecke (beispielsweise Geschwindigkeitsvorgaben und das Gradientenprofil) im

© Springer Fachmedien Wiesbaden GmbH, ein Teil von Springer Nature 2019
L. Schnieder, *Eine Einführung in das European Train Control System (ETCS),*
essentials, https://doi.org/10.1007/978-3-658-26885-5_5

ETCS-Fahrzeuggerät vorhanden sind und der Standort des Zuges hinreichend genau bekannt ist. Diese Betriebsart kann nicht vom Triebfahrzeugführer aus-gewählt werden. Der Übergang in diese Betriebsart erfolgt automatisch, wenn alle erforderlichen Informationen von der Strecke zum Fahrzeug übertragen wurden.

- *Limited Supervision (LS):* In dieser Betriebsart befindet sich das Fahrzeug in einer nur eingeschränkten Überwachung. Hierbei muss der Triebfahrzeug-führer die Vorgaben der ortsfesten Signale beachten. Das ETCS-Fahrzeuggerät übernimmt nur eine eingeschränkte Überwachung im Hintergrund (beispiels-weise lediglich die Überwachung einer Bremskurve in Annäherung auf ein Halt zeigendes Signal wie bei bestehenden nationalen Systemen).

- *On sight (OS):* In dieser Betriebsart verkehrt das Fahrzeug auf Sicht. Dies ist unter anderem dann betrieblich der Fall, wenn Gleisfreimeldeeinrichtungen gestört sind, Störungen an Bahnübergangssicherungsanlagen vorliegen, Block-systeme defekt sind oder in einen besetzten Gleisabschnitt eingefahren werden soll. Die Weichen im Fahrweg sind eingestellt und in Endlage verschlossen. Der ETCS-Fahrzeugrechner überwacht die national zulässige Höchstgeschwindig-keit für diese Betriebsart sowie das Ende der Fahrerlaubnis. Der Wechsel in diese Betriebsart wird immer von der Streckeneinrichtung kommandiert. Der Triebfahrzeugführer muss den Wechsel in diese Betriebsart quittieren, da er hier in höherem Maße eine Sicherheitsverantwortung übernehmen muss.

- *Staff Responsible (SR):* Diese Betriebsart wird bei unbekannter Position des Fahrzeuges, zum Beispiel nach dem Aufstarten angewendet. Hierbei wird die größtmögliche Distanz, die in dieser Betriebsart zurückgelegt werden kann, sowie die national zulässige Höchstgeschwindigkeit überwacht. Da auf dem Fahrzeug keine Informationen über einen technisch gesicherten Fahrweg vor-liegen, muss der Triebfahrzeugführer in dieser Betriebsart das Freisein des vor ihm liegenden Fahrwegabschnittes überwachen, sich über die korrekte End-lage der Weichen vergewissern sowie etwaige ortsfeste Signale entlang der Strecke beachten.

- *Shunting (SH):* Die Betriebsart Rangieren ermöglicht außerhalb und innerhalb von ETCS-Strecken Rangierbewegungen. Der Wechsel in diese Betriebsart kann zum einen von der Streckenseite kommandiert werden. In diesem Fall muss der Triebfahrzeugführer den Wechsel in diese Betriebsart im Führer-stand quittieren, da er ein einem größeren Maße für die Sicherheit der Fahr-zeugbewegung verantwortlich ist. Der Wechsel in diese Betriebsart kann zum anderen aber auch vom Triebfahrzeugführer ausgewählt werden. In Level 2 und Level 3 kann der Wechsel in diese Betriebsart von der Funkstrecken-zentrale zurückgewiesen werden. Die Betriebsart Rangieren wird durch eine

Bedienhandlung des Triebfahrzeugführers beendet. Da Rangierfahrten in besetzte Gleisabschnitte einfahren und auch rückwärtsfahren können, sichert ETCS diese Betriebsart durch die Überwachung einer reduzierten Rangiergeschwindigkeit sowie mit einer Überwachung der zulässigen Rangierbereiche.

- *Trip (TR):* Betriebsart nach dem Überfahren des Endes einer Fahrerlaubnis. Das Fahrzeug wird mit einer unmittelbaren Zwangsbremsung zum Stillstand gebracht. Der Triebfahrzeugführer kann so lange keine weiteren Bedienungen ausführen, bis der Zug stillsteht.
- *Post Trip (PT):* Nach dem Stillstand des Zuges bestätigt der Triebfahrzeugführer die Quittierungsaufforderung. Das ETCS-Fahrzeuggerät wechselt in die Betriebsart „Überfahren der Fahrerlaubnis quittiert" (PT). Das ETCS – Fahrzeuggerät stellt hierbei sicher, dass der Zug nicht weiter vorwärts fährt. Eine Rückwärtsfahrt über eine maximale Distanz (gemäß jeweils gültiger nationaler Regelwerke) ist zulässig.
- *Reversing (RV):* Diese Betriebsart ermöglicht es dem Triebfahrzeugführer, einen Zug in einer Gefahrensituation, zum Beispiel bei einem Brandereignis im Tunnel, vom vorderen Führerstand rückwärts über einen gesicherten Fahrweg aus dem Tunnel zu fahren. Hierbei wird die für diese Betriebsart gültige national zulässige Höchstgeschwindigkeit überwacht. Hierbei fährt der Zug rückwärts über einen technisch gesicherten Fahrweg, was durch die streckenseitigen Einrichtungen (Funkstreckenzentrale und Stellwerk) gewährleistet werden muss.

5.2 Betriebsarten ohne Überwachung durch das ETCS-Fahrzeuggerät

Es können verschiedene Betriebsarten unterschieden werden, bei denen das Fahrzeug nicht vom ETCS Fahrzeuggerät überwacht wird.

- *Sleeping (SL):* In dieser Betriebsart ist das Triebfahrzeug beispielsweise von einem Steuerwagen am Anfang des Zugverbandes ferngesteuert. In dieser Betriebsart hat die ETCS-Fahrzeugausrüstung auf dem ferngesteuerten Fahrzeug keine sicherheitsrelevanten Funktionen zu übernehmen.
- *Non Leading (NL):* In dieser Betriebsart ist das Fahrzeug, das durch einen Triebfahrzeugführer bedient wird „nicht zugführend". Dies ist beispielsweise der Fall im Schiebe-, Vorspann- oder Zwischendienst. Schiebelokomotiven kommen am Zugschluss zur Bewältigung großer Steigungen und/oder einer

hohen Zugmasse zum Einsatz (*Schiebedienst*). Vorspannlokomotiven sind zusätzliche Triebfahrzeuge an der Spitze des Zuges, welche ebenfalls zur Erhöhung der Zugkraft eingesetzt werden. Hierbei ist das vordere Triebfahrzeug führend (*Vorspanndienst*). Zur Vermeidung von Lokomotivfahrten können die Triebfahrzeuge auch in einen regulären Zugverband eingestellt werden (*Zwischendienst*).

- *Passive Shunting (PS):* Betriebsart zur Durchführung von Rangierfahrten. Hierbei ist das Fahrzeug in mit einem anderen Fahrzeug gekuppelt, welches die Führung übernimmt und ebenfalls zum Rangieren eingesetzt wird. Das führende Fahrzeug ist im Modus Shunting (SH).

- *STM National:* In dieser Betriebsart befindet sich das Fahrzeug unter der Überwachung eines nationalen Zugbeeinflussungssystems. Dieses übergibt die von ihm von der Streckenseite empfangenen Führungsgrößen an das ETCS-Fahrzeuggerät weiter, welches den Zugriff auf das Bremssystem hat.

- *Unfitted (UN):* In dieser Betriebsart verkehrt das Fahrzeug auf einer nicht mit ETCS ausgerüsteten Strecke. Das Fahrzeug wird in diesem Fall vom Triebfahrzeugführer nach Maßgabe der Außensignale geführt. In diesem Fall kann die ETCS-Fahrzeugausrüstung lediglich die Einhaltung der national zulässigen Höchstgeschwindigkeit für diese Betriebsart überwachen.

5.3   Betriebsarten bei inaktivem ETCS-Fahrzeuggerät

Es können unterschiedliche Betriebsarten unterschieden werden, bei denen das Fahrzeuggerät vollständig inaktiv ist.

- *Isolation (IS):* Mit dem Abtrennschalter wird der ETCS-Fahrzeugrechner von den übrigen Systemen wie beispielsweise der Bremseinrichtung vollständig abgetrennt. Der ETCS-Fahrzeugrechner wechselt in die Betriebsart „Abgetrennt" (IS). In dieser Betriebsart erhält das ETCS-Fahrzeuggerät keine Informationen von der Streckeneinrichtung und die Fahrt des Fahrzeugs wird nicht überwacht. Der Triebfahrzeugführer hat die volle Verantwortung. Diese Betriebsart kommt zum Einsatz bei Störungen des Fahrzeuggeräts, die zu einer dauerhaften Zwangsbremse führen würden.

- *No Power (NP):* In dieser Betriebsart ist die ETCS-Fahrzeugausrüstung spannungslos. In der Regel ist das Fahrzeug dabei ausgeschaltet.

- *System Failure (SF):* Betriebsart, in welche der ETCS-Fahrzeugrechner wechselt, nachdem ein sicherheitskritischer Fehler in der ETCS-Fahrzeugausrüstung festgestellt wurde. Ein Beispiel hierfür ist ein erkannter Ausfall der

Eurobalisenantenne unter dem Fahrzeug. Das Fahrzeug wird sofort mit der Zwangsbremse bis zum Stillstand gebremst.

5.4 Betriebsartenübergänge

Für den Übergang von einer Betriebsart in eine andere müssen verschiedene betriebliche und technische Voraussetzungen erfüllt sein. Ein vollständiger Überblick über die Bedingungen für Betriebsartenübergänge ergibt sich aus der ETCS-Spezifikation. Hierin ist eine umfassende Tabelle möglicher Betriebsartenübergänge („Transitionen") enthalten. Aus dieser Transitionstabelle können auch die jeweils erforderlichen Voraussetzungen für einen Betriebsartenübergang abgelesen werden.

Betriebsartenübergänge werden nachfolgend exemplarisch anhand von zwei Beispielen beschrieben.

5.4.1 Betriebsartenübergang von SR nach FS

Die in den ETCS-Spezifikationen aufgeführte Transitionstabelle ist so zu verstehen, dass die in den Feldern aufgeführten Bedingungen Voraussetzung für einen Wechsel der Betriebsarten sind (vgl. Abb. 5.1). Dies wird anhand des folgenden Beispiels deutlich.

- Ein Fahrzeug befindet sich in der ETCS Ausrüstungsstufe 1 in der Betriebsart Staff Responsible (SR) in der Anfahrt auf ein Signal. Das Fahrzeug kann in dieser Betriebsart lediglich die Einhaltung der für diese Betriebsart gültigen Maximalgeschwindigkeit überwachen, weil keine weiteren Daten auf dem Fahrzeug vorliegen.
- Die Lineside Electonic Unit am Hauptsignal erkennt die Fahrtstellung des Signals und speist das zu dem eingestellten Fahrweg gehörige Telegramm in die schaltbare Eurobalise.
- Das Fahrzeug überfährt mit seiner Empfangseinrichtung die Eurobalise und liest die Inhalte des Telegramms ohne Übertragungsfehler aus. Die übertragenen Informationen zur Länge der Fahrerlaubnis sowie die Streckeninformationen (Geschwindigkeits- und Gradientenprofil) werden vom Fahrzeug ausgewertet und in eine Überwachung der zulässigen Fahrweise des Zuges umgesetzt. Das Fahrzeug befindet sich jetzt in der Betriebsart Full Supervision (FS). Selbstverständlich ist eine weitere Voraussetzung für diesen

Betriebsartenübergang, dass kein anderer Betriebsartenübergang (Zwangs-bremse, bzw. Fahrt auf Ersatzsignal) von der Streckenseite kommandiert wird.

5.4.2 Betriebsartenübergang von FS nach SR

Für diesen Betriebsartenübergang gilt (vgl. Abb. 5.1):

* Das Fahrzeug befindet sich in der Betriebsart Full Supervision (FS) in der Anfahrt auf ein Halt zeigendes Signal. Das Fahrzeuggerät führt eine Ziel-bremsung auf das Ende der Fahrerlaubnis aus.
* Unterschreitet das Fahrzeug eine national festgelegte Geschwindigkeits-schwelle, kann sich der Fahrer durch ein „Override" aus der aktuell wirk-samen Bremskurvenüberwachung befreien. Das Fahrzeuggerät wechselt in diesem Fall in die Betriebsart Staff Responsible (SR). Da keine weiteren Daten für die Überwachung der zulässigen Fahrweise auf dem Fahrzeug ver-fügbar sind, wird nur die in dieser Betriebsart zulässige Maximalgeschwindig-keit überwacht.

...	...	...	...	...
...	Full Supervision	Empfang eines gültigen Fahrbefehls		Nächste Fahrsraße mit Full Supervision eingestellt
...	Wählen Vorbeifahrt Ende der Fahrterlaubnis an Führerstandsanzeige	Staff Responsible		Regelfall nach Post Trip
...	Überfahren Fahrterlaubnis	Fahrt über Balise „Stopp in Betriebsart SR"	Trip	
...			Bestätigung der Zwangsbremse an der Führerstands-anzeige	Post Trip

Abb. 5.1 Auszug aus der Transitionstabelle für die Betriebsartenübergänge

Funktionsweise von ETCS

6

Für ein einheitliches Verhalten des Zugsteuerungs- und Zugsicherungssystems ETCS müssen die grundlegenden Funktionsprinzipien festgelegt werden. In diesem Kapitel werden ausgewählte Grundprinzipien dargelegt. Dieses Kapitel beginnt mit einer Darstellung des Fahrerlaubnis. Es schließt sich eine Darstellung der Lokalisierung des Fahrzeugs an. Abschließend werden die Grundsätze der Überwachung von Bremskurven und Geschwindigkeiten beschrieben.

6.1 Fahrerlaubnis

Das Ende einer Fahrerlaubnis (End of Authority) ist der Wegpunkt, bis zu welchem ein Zug die Zustimmung des Fahrdienstleiters zur Fahrt hat:

- Muss der Zug am Ende seiner Fahrerlaubnis bis zum Stillstand bremsen, spricht man vom *Ende der Fahrerlaubnis* (*End of Authority, EoA*).
- Muss der Zug am Ende seiner Fahrerlaubnis nicht bis zum Stillstand bremsen, spricht von der *Einschränkung einer Fahrerlaubnis* (*Limit of Authority, LoA*).

Ein weiterer wichtiger Begriff im Zusammenhang mit dem Ende der Fahrerlaubnis ist der *Gefahrpunkt*. Hierbei handelt es sich um die erste hinter dem Ende der Fahrerlaubnis folgende Stelle im Gleis an der beim Durchrutschen eines Zuges über das Ende der Fahrerlaubnis hinaus eine Gefährdung eintreten kann. Beispiele für Gefahrpunkte sind:

© Springer Fachmedien Wiesbaden GmbH, ein Teil von Springer Nature 2019
L. Schnieder, *Eine Einführung in das European Train Control System (ETCS)*,
essentials, https://doi.org/10.1007/978-3-658-26885-5_6

- Der Anfang eines belegten Gleisabschnittes (wenn im festen Raumabstand gefahren wird).
- Die sicher erkannte Position des Zugendes eines vorausfahrenden Zuges (wenn im wandernden Raumabstand gefahren wird).
- Das Grenzzeichen einer Weiche, die für einen für die aktuelle Zugfahrt im Konflikt stehenden Fahrweg benötigt wird.

Das Zugsteuerungs- und Zugsicherungssystem stellt sicher, dass die Spitze des Zuges den Gefahrpunkt – unter Berücksichtigung aller Ortungsungenauigkeiten – nicht erreicht. In manchen Ländern werden hierfür gegebenenfalls Gleisabschnitte hinter dem Ende der Fahrerlaubnis freigehalten, solange eine Zugfahrt auf diesen Zielpunkt hin zugelassen ist (sogenannter Durchrutschweg).

Streckeneinrichtungen übertragen die Fahrerlaubnis von der Streckeneinrichtung zum Zug. Bezüglich der Fahrerlaubnis gilt:

- *Anforderungen von Fahrerlaubnissen:* In ETCS Level 2 und ETCS Level 3 kann das Fahrzeuggerät eine neue Fahrterlaubnis anfordern, wenn es eine Annäherung an den Bremseinsatzpunkt feststellt.
- *Aktualisierung und Ausweitung einer Fahrerlaubnis:* Wird eine neue Fahrterlaubnis übertragen, werden die vorherigen Daten im ETCS-Fahrzeuggerät überschrieben.
- *Verkürzung einer Fahrerlaubnis:* In ETCS Level 2 und ETCS Level 3 kann eine Fahrterlaubnis im Zusammenspiel von Strecken- und Fahrzeugeinrichtung gekürzt werden.

6.2   Lokalisierung

Üblicherweise werden zur Erfassung der von einem Fahrzeug zurückgelegten Strecke die Radumdrehungen erfasst und mit dem Raddurchmesser multipliziert. Diese Art der Weg- und Geschwindigkeitsmessung ist jedoch wegen der physikalischen Eigenschaften des Rad-Schiene-Kontaktes ungenau.

- Eine Weg- und Geschwindigkeitsmessung auf Grundlage der Zählung von Achsumdrehungen ist vom eingestellten Raddurchmesser abhängig und daher mit einer gewissen Unsicherheit behaftet. Der Raddurchmesser muss aufgrund von Verschleiß oder Instandhaltungsaktivitäten (u. a. Abdrehen der Radsätze) regelmäßig neu im Fahrzeuggerät parametriert werden. Wird der Raddurchmesser nach dem Abdrehen eines Radsatzes nicht angepasst, ist die tatsächlich zurückgelegte Distanz systematisch geringer als die gemessene Distanz. Wird der Raddurchmesser beim Austausch eines Radsatzes, der das Grenzmaß seiner Abnutzung erreicht hat, nicht korrigiert, ist die tatsächlich zurückgelegte Distanz systematisch größer als die gemessene Distanz.

• Wirkt eine Zugkraft am Radumfang, so ergibt sich grundsätzliche eine als Schlupf bezeichnete Relativbewegung zwischen Rad- und Schienenoberfläche, deren Betrag von der wirkenden Kraft und der Geschwindigkeit abhängt. Ist die Radumfangsgeschwindigkeit größer als die Fahrgeschwindigkeit wird dies als *Schleudern* bezeichne. Ist die Radumfangsgeschwindigkeit kleiner als die Fahrgeschwindigkeit, wird dies als *Gleiten* bezeichnet. Der Schlupf sorgt ebenfalls für eine gewisse Unsicherheit der Weg- und Geschwindigkeitsmessung auf Grundlage der Zählung von Achsumdrehungen.

Um den aus einer alleinigen Weg- und Geschwindigkeitsmessung auf Grundlage der Zählungen von Achsumdrehungen resultierenden Nachteil einer Ungenauen Ortung zu vermeiden und die in der ETCS-Spezifikation geforderte hohen Ortungsgenauigkeiten zu erreichen, verwenden die ETCS-Systemhersteller ergänzende Sensorsysteme. Durch den Einsatz vom Rad-Schiene-Kontakt unabhängiger Sensoren zur Orts- und Geschwindigkeitsmessung wird die Ortungsgenauigkeit erhöht. Zusätzlich zu einer möglichst exakten Weg- und Geschwindigkeitsmessung ist eine korrekte Position des Fahrzeugs in der Infrastruktur erforderlich. Dies wird durch die Synchronisation der Weg- und Geschwindigkeitsmessung an Fixpunkten (Eurobalisen) erreicht. Dieser Abschnitt beschreibt die Grundsätze der Lokalisierung im ETCS.

6.2.1 Balisenkoordinatensystem

Eine Balisengruppe besteht aus einer und bis zu 8 Eurobalisen. In jeder Eurobalise wird die jeweilige Nummer der Eurobalise (1–8), die Anzahl der Eurobalisen in einer Balisengruppe und eine Identifikationsnummer der Balisengruppe gespeichert. Normalerweise werden zwei Eurobalisen hintereinander verlegt, um die Fahrtrichtung abzuleiten. Zusätzliche Eurobalisen können verlegt werden, falls mehr Daten zum Zug übertragen werden müssen, als mit einer einzelnen Eurobalise möglich ist oder falls aus Gründen einer höheren Verfügbarkeit Eurobalisen dupliziert werden. Eurobalisen spielen für die Positionierung des Fahrzeugs eine große Rolle. Alle für die sichere Fahrzeugbewegung relevanten Informationen (Fahrbefehle und Geschwindigkeitsprofile) werden immer in Bezug auf eine Balisengruppe übertragen. In der Projektierung der streckenseitigen Datenpunkte muss daher sichergestellt werden, dass die Position einer Balisengruppe mit einer ausreichenden Genauigkeit bekannt ist. Eine Eurobalise kann Informationen für beide Fahrtrichtungen (nominal/reverse) enthalten.

6.2.2 Linking

Balisen enthalten die Definition von Ortsmarken, die als gemeinsames Koordinatensystem für die Wechselwirkung von Fahrzeug- und Streckeneinrichtungen dienen. Führungsgrößen für das Fahrzeug wie Geschwindigkeitsprofile oder Fahrterlaubnisse werden immer in Bezug auf eine eindeutig referenzierte Balise, bzw. Balisengruppe übertragen. Im Zuge der anwendungsspezifischen Konfiguration der Balisentelegramme ist daher sicherzustellen, dass die Position der Balisen mit einer hinreichenden Genauigkeit bekannt ist. Das sogenannte Linking wird für zwei Zwecke benötigt:

- *Fehleroffenbarung:* Eine Balisen(gruppe) verweist mit Zielentfernung und einem eindeutigem Identifikator auf benachbarte Balisen(gruppen). Überfährt der Zug in einem Toleranzbereich um die Zielentfernung die angekündigten Balisen(gruppen) nicht, ergreift das ETCS-Fahrzeuggerät eine sicherheitsgerichtete Reaktion.
- *Korrektur des Ortungsfehlers:* Durch physikalische Effekte des Rad-Schiene-Kontakts ist die Weg- und Geschwindigkeitsmessung der Fahrzeuge in Abhängigkeit der zurückgelegten Strecke mit einer zunehmenden Unsicherheit behaftet (Schleudern und Gleiten). Regelmäßige Überfahrten von Balisen(gruppen) geben dem Fahrzeug Fixpunkte, anhand derer das Vertrauensintervall um die wahre Position des Zuges korrigiert werden kann (vgl. Abb. 6.1).

6.2.3 Repositioning

Wenn ein Zug in einen Bahnhof einfährt kann anhand des Signalbegriffs nicht immer eindeutig festgelegt werden, in welches Bahnhofsgleis der Zug einfährt. Da jede der vom Einfahrsignal möglichen Einfahrstraßen jeweils eigene Geschwindigkeitsvorgaben hat, kann am Einfahrsignal nur der restriktivste Fahrbefehl und die restriktivste Streckeninformation (Geschwindigkeitsprofil) übertragen werden. In solchen Lageplanfällen wird das sogenannte Repositioning angewendet. Der am Einfahrsignal empfangene Fahrbefehl wird erneuert, wenn der Zug eine eindeutig bestimmte Position im Bahnhof erreicht hat (vgl. Abb. 6.2).

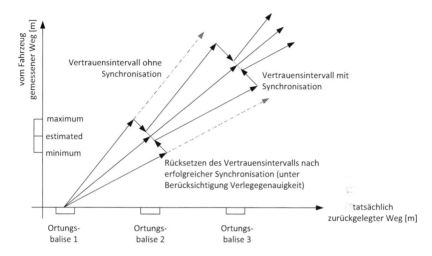

Abb. 6.1 Korrektur der Ortungsungenauigkeit durch Linking-Informationen

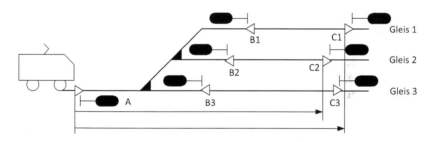

Abb. 6.2 Prinzip des Repositionings Darstellung nach (Stanley 2011)

Am Startsignal (A) sendet die am Hauptsignal verlegte Balisengruppe die folgenden Informationen:

- Statt der konkreten Identifikationsnummer einer verlinkten Balisengruppe wird die folgende verlinkte Balisengruppe als „unbekannt" deklariert und darauf verwiesen, dass diese Repositioning-Informationen enthalten wird.
- Im Linking-Paket wird eine Linking-Distanz zwischen der Balisengruppe A und der Balisengruppe (B1 bis B3) mit dem größten Abstand, bei der das Repositioning durchgeführt wird, übertragen. Im dargestellten Beispiel ist dies die Balisengruppe B1 im Gleis 1.

- Ein Fahrbefehl zum Zielsignal (C1 bis C3) mit der kürzesten Strecke und den restriktivsten Werten für die möglichen Gleise (Länge, Schutzstrecken). Im dargestellten Beispiel ist dies das Zielsignal C2.
- Die restriktivsten Werte der statischen Geschwindigkeitsprofile und der Gradientenprofile als restriktivste Werte zum nächstgelegenen Zielsignal (im dargestellten Beispiel C2).

Beim Überfahren der Repositioning-Eurobalisen werden beispielsweise die folgenden Informationen übertragen:

- Die (neue) Länge des Fahrbefehls zum Zielsignal (von B1 nach C1, von B2 nach C2, von B3 nach C3).
- Die neue Linking-Information zum Zielsignal (C1 bis C3).
- Die neuen Gradientenprofile und statischen Geschwindigkeitsprofile zum Zielsignal (C1 bis C3).

6.3 Geschwindigkeitsüberwachung und Bremskurven

Die Informationen von der Streckenseite geben die maximal zulässige Geschwindigkeit sowie die Distanz zu einer Geschwindigkeitseinschränkung oder des Endes einer Fahrterlaubnis vor. Auf Grundlage der Vorgaben der ETCS-Streckeneinrichtungen ermittelt das ETCS-Fahrzeuggerät die Vorgaben für die Geschwindigkeitsüberwachung. Dieser Abschnitt erörtert die Grundlagen der Geschwindigkeitsüberwachung und der Bremskurven im ETCS.

6.3.1 Ermittlung des restriktivsten statischen Geschwindigkeitsprofils

Für die Überwachung der zulässigen Geschwindigkeit ist von mehreren Vorgaben die restriktivste auszuwählen. Für die Ermittlung des maßgeblichen restriktivsten statischen Geschwindigkeitsprofils müssen mehrere Vorgaben übereinandergelegt werden (vgl. hierzu Abb. 6.3).

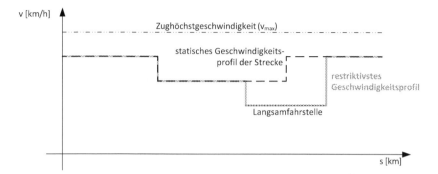

Abb. 6.3 Ermittlung des restriktivsten statischen Geschwindigkeitsprofils

- *Statische Geschwindigkeitsprofile der Strecke* ergeben sich aus der Infrastruktur. Hierbei werden bestehende Einschränkungen aus der Trassierung betrachtet. Beispiele hierfür sind zu berücksichtigende reduzierte Geschwindigkeiten in Weichen und Bogenradien, oder möglicherweise Geschwindigkeitseinschränkungen auf Brücken und in Tunneln.
- Weitere Einschränkungen beispielsweise durch *Achslasten* (Axle load speed profile).
- Vorübergehende *Langsamfahrstellen* (temporary speed restrictions, TSR) durch Baustellen oder baulichen Einschränkungen.
- Die *Zughöchstgeschwindigkeit* (Vmax), welche bei der Dateneingabe durch den Triebfahrzeugführer dem ETCS-Fahrzeugrechner mitgeteilt wird.

Das Fahrzeug führt kontinuierlich eine Überwachung der zulässigen Geschwindigkeit („ceiling speed monitoring") durch. Die Vorgaben für die Geschwindigkeitsüberwachung ergeben sich aus dem restriktivsten statischen Geschwindigkeitsprofil und dem Ende der Fahrterlaubnis (End of Authority, EoA).

6.3.2   Ermittlung des dynamischen Geschwindigkeitsprofils (Bremskurven)

Des Weiteren werden bei der Berechnung der Bremskurven Bremsmodelle berücksichtigt, die beispielsweise die Abhängigkeit der erreichbaren Bremsverzögerung zur Geschwindigkeit des Zuges berücksichtigen sowie den Zeitversatz zwischen der Auslösung des Bremsbefehls und dem Erreichen der geforderten Bremsleistung beschreiben. Es gibt verschiedene Eskalationsstufen der Geschwindigkeitsüberwachung:

- *Erlaubte Geschwindigkeit:* Geschwindigkeit, die der Fahrer fahren darf. Dies ist die Geschwindigkeit, die dem Fahrer auf der Führerstandsanzeige angezeigt wird.
- *Warngeschwindigkeit:* Überschreitet das Fahrzeug diesen Geschwindigkeitswert, wird ein Warnsignal ausgelöst, sodass der Fahrer eingreifen und so einen automatischen Bremseingriff vermeiden kann. Die Warnung bleibt so lange aktiv, bis die Geschwindigkeit des Fahrzeugs diesen Wert wieder unterschreitet (vgl. Abb. 6.4).
- *Betriebsbremslimit:* Mit der Betriebsbremsung wird das Ziel verfolgt, den Zug entweder an einem gegebenen Streckenpunkt planmäßig zum Stehen zu bringen (*Wegzielbremsung*) oder dessen Geschwindigkeit am gegebenen Streckenpunkt planmäßig auf einen zulässigen Wert zu reduzieren (*Geschwindigkeitszielbremsung*) (Gralla 1999). Die Betriebsbremsung wird zurückgenommen, wenn die tatsächliche Geschwindigkeit des Zuges die erlaubte Geschwindigkeit unterschreitet (vgl. Abb. 6.4).
- *Zwangsbremslimit:* Bei Überschreitung dieses Geschwindigkeitslimits wird das Ziel verfolgt, die Fahrtbewegung des Zuges mit kürzest möglichem Bremsweg zu beenden (*Schnellbremsung*). Dies setzt die Inanspruchnahme der physikalischen Grenzen der Bremskraft voraus (bedingt durch die Rad-Schiene-Kraftschlussgrenze oder das Bremssystem). Die Schnellbremsung ist damit ein mit stochastischen Elementen versehener physikalischer Vorgang und der Bremsweg wird zur stochastischen Größe (Gralla 1999). Die Rücknahme der Zwangsbremsung wird national unterschiedlich gehandhabt. Entweder wird der Zug über einen Zwangsbremseingriff in den Stillstand gebremst. Alternativ wird die Zwangsbremse nach Unterschreiten der erlaubten Geschwindigkeit zurückgenommen (vgl. Abb. 6.4).

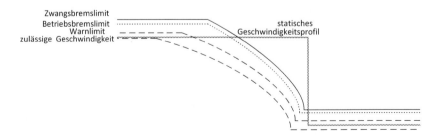

Abb. 6.4 Geschwindigkeitslimits des ETCS

6.4 Kommunikation zwischen der ETCS-Strecken- und Fahrzeugausrüstung

Dieser Abschnitt beschreibt die „Sprache" des European Train Control Systems (ETCS). Die ETCS-Sprache wird verwendet, um Informationen über den Luftspalt zwischen Fahrzeug- und Streckeneinrichtung zu übertragen. Dies betrifft zum einen die Datenübertragung zwischen Eurobalise oder dem Euroloop zur Fahrzeugantenne unter dem Fahrzeug. Dies betrifft zum anderen die Datenübertragung zwischen dem Fahrzeuggerät und der Funkstreckenzentrale über die Funkverbindung. Auch die Übergabe von Führungsgrößen von einem nationalen Zugsteuerungs- und Zugsicherungssystem erfolgt mittels der ETCS-Sprache (Specific Transmission Module, STM). Die Definition von Variablen, Paketen und Nachrichten ist unabhängig von der Art der Datenübertragung zwischen Fahrzeug und Strecke. Die ETCS-Sprache basiert auf verbindlich verabredeten Variablen, Paketen und Nachrichten.

Variablen Variablen sind die kleinste bedeutungstragende Einheit der ETCS-Sprache. Die Namen der Variablen sind eindeutig festgelegt. Alle Variablen sind unabhängig vom Übertragungsmedium (Balise, Loop, GSM-R). Beispiele hierfür sind beispielsweise Längenangaben (L) und Geschwindigkeitsangaben (V).

Pakete Pakete gruppieren verschiedene Variablen in einer definierten internen Struktur. Die Definition eines Pakets ist unabhängig vom jeweiligen Übertragungsmedium, auch wenn nicht alle Pakete über jedes Medium übertragen werden. Es wurden 40 Pakete für die Kommunikation von der Strecke zum Fahrzeug und 7 Pakete für die Kommunikation vom Fahrzeug zur Strecke definiert. Ein Paket wird für beide Übertragungsrichtungen genutzt („end of information"). Beispiele von Paketen sind:

- Von der *Strecke zum Fahrzeug* werden Pakete für Fahrbefehle (Paket 12 in Ausbaustufe 1, bzw. Paket 15 in Ausbaustufen 2 und 3) sowie das Gradientenprofil (Paket 21) übertragen.
- Vom *Fahrzeug zur Strecke* werden Pakete für Positionsmeldungen zur Funkstreckenzentrale (Paket 0) und die Meldung von Zugdaten (Paket 11) übertragen.

Nachrichten Nachrichten sind vollständige Sätze an Informationen, die zwischen Fahrzeug und Strecke (und umgekehrt) übertragen werden. Beispielhafte Funknachrichten umfassen:

- Von der *Strecke zum Fahrzeug* übermittelte Funknachrichten sind beispielsweise die Anforderung eines Fahrbefehls (Nachricht 132), das Absetzen einer Positionsmeldung des Fahrzeugs für die Funkstreckenzentrale (Nachricht 136) sowie die Anforderung einer Erlaubnis zur Durchführung einer Rangierfahrt (Nachricht 130).

- Vom *Fahrzeug zur Strecke* übermittelte Funknachrichten umfassen beispielsweise die Übermittlung des Fahrbefehls (Nachricht 3) sowie die Zulassung oder Ablehnung der Anforderung einer Erlaubnis zur Durchführung einer Rangierfahrt (Nachrichten 27 und 28).

Ausblick 7

Seit seiner Einführung hat sich das European Train Control System (ETCS) langsam in Europa etabliert. In Deutschland sind erste Strecken mit ETCS ausgerüstet. Auch weltweit beginnt sich ETCS immer mehr durchzusetzen. Auf der Grundlage mehrjähriger Erfahrungen – auch in internationalen Projekten – fließen neue Anforderungen in die kontinuierliche Weiterentwicklung des ETCS sein. Darüber hinaus ist ETCS zukünftig die Grundlage für eine weitergehendere Automatisierung des Bahnbetriebs. Dieses Kapitel richtet den Blick auf zukünftig absehbare Trends für den Einsatz des ETCS in Deutschland, Europa und weltweit.

7.1 Roll-out von ETCS in Deutschland, Europa und weltweit

Auch wenn das europäische Zugsicherungssystem ETCS nunmehr nach und nach auf Strecken verschiedener EU-Länder eingeführt wird, wird es noch Jahrzehnte brauchen, bis es flächendeckend ausgerollt ist und damit auch die vorhandenen nationalen Zugsicherungssysteme in den Transeuropäischen Transportnetzen (TEN-T) ersetzt wird. So wird nach jetziger Planung in Deutschland das bestehende System LZB mit ca. 2500 ausgerüsteten Streckenkilometern bis zum Jahr 2030 schrittweise durch ETCS Level 2 ersetzt werden. Bis zum Jahr 2050 muss entsprechend EU-Verordnung das gesamte TEN-T-Netz in Deutschland (ca. 16.000 Streckenkilometer von gesamt 30.000 Streckenkilometern) mit ETCS ausgerüstet sein.

Andere Länder Europas gehen die Umrüstung aktiv an und setzen hier Maßstäbe. Einige Länder realisieren umfassende signaltechnische Erneuerungsprogramme, an deren Ende ein flächendeckender Einsatz von ETCS steht. Beispiele solcher konsequenter Umsetzungen sind Luxemburg, Belgien, Dänemark und Norwegen.

© Springer Fachmedien Wiesbaden GmbH, ein Teil von Springer Nature 2019
L. Schnieder, *Eine Einführung in das European Train Control System (ETCS)*,
essentials, https://doi.org/10.1007/978-3-658-26885-5_7

Auch Eisenbahnen außerhalb Europas wünschen zunehmend standardisierte Lösungen – entweder um ebenfalls Interoperabilität mit benachbarten Netzen zu ermöglichen oder um hinsichtlich der Lieferung von Teilsystemen unabhängig vom Systemlieferanten zu sein. Damit ist das weitgehend standardisierte System ETCS auch außerhalb Europas ein deutlicher Trend, wie große Installationen beispielsweise in Saudi-Arabien zeigen (Geistler und Schwab 2013).

7.2   ETCS als Grundlage der Automatisierung des Bahnbetriebs

Bei U-Bahnen ist ein vollautomatischer Betrieb längst Realität, da sich diese wegen ihrer Trassenführungen in geschlossenen Tunnelsystemen besonders gut für einen fahrerlosen Betrieb eignen. Auch im Fern-, Güter- und Regionalverkehr besteht zusehends der Wunsch, die Möglichkeiten des automatisierten Fahrens zu nutzen, um den zukünftigen Herausforderungen gerecht zu werden. Ziel einer zukünftigen Weiterentwicklung des ETCS ist es dabei, der eigentlichen Zugsteuerung und Zugsicherung eine automatisierungstechnische Komponente, eine sogenannte Automatic Train Operation (ATO) zu überlagern. Ein solches ATO-System besteht grundsätzlich aus zwei Komponenten:

- Die *streckenseitige ATO-Komponente* sammelt statische sowie dynamische Strecken- und Fahrplandaten von existierenden streckenseitigen TMS (Traffic Management System) und übergibt diese an die ATO-Fahrzeuggeräte.
- Die *fahrzeugseitige ATO-Komponente* berechnet das jederzeit optimale Fahrprofil anhand der Daten über Infrastruktur, Strecke und Fahrplaninformationen und regelt die Antriebs- und Bremsleistung des Zuges für die automatisierte Fahrt.

Beide Komponenten wirken als Gesamtsystem zusammen, sodass auf den Fahrzeugen die (energie- oder zeit-) optimalen Geschwindigkeitsprofile auf Basis der aktuellen Fahrplan- und Fahrweginformationen berechnet werden können. Bei der ATO handelt es sich grundsätzlich nicht um ein sicherheitsrelevantes System. Die Zugbewegung wird bei der ATO jederzeit durch das auf dem Fahrzeug installierte Zugsicherungssystem (bspw. ETCS) gesichert. Dies greift beim Überschreiten der zulässigen Geschwindigkeitsvorgabe „regulierend" ein. Auf diese Weise hat die Einführung eines ATO-Systems keinen negativen Einfluss auf die Sicherheit des Bahnbetriebs. So wie es das Ziel der Einführung und Verbreitung von ETCS als europäischem

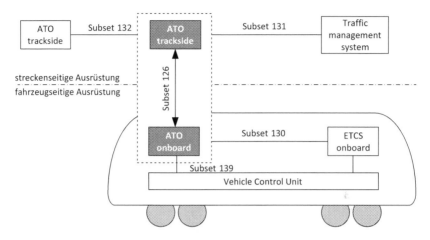

Abb. 7.1 Referenzarchitektur „ATO over ETCS" (Automatisierungsstufe 2) nach (Tasler und Knollmann 2018)

Zugsicherungssystems ist, Züge flexibel im europäischen Fernverkehrsnetz einsetzen zu können, so sollen auch die mit ATO ausgerüsteten Fahrzeuge im interoperablen Umfeld verwendbar sein. Aus diesem Grund ist die Definition einer Standard-ATO ein wesentliches Ziel europäischer Standardisierungs-aktivitäten. Abb. 7.1 zeigt die Referenzarchitektur mit den relevanten System-komponenten und den standardisierten Schnittstellen (Tasler und Knollmann 2018).

7.3   Einführungsstrategie für ETCS Ausrüstungsstufe 3

Im ETCS-Ausrüstungsstufe 3 müssen die Züge mit einem Vollständigkeitsüber-wachungssystem ausgerüstet sein. Allerdings stößt ein reiner ETCS Betrieb in ETCS-Ausrüstungsstufe 3 in mehrerlei Hinsicht an seine Grenzen (Bartholomeus et al. 2018):

- *Zwang zur vollständigen Ausrüstung mit ETCS:* Nur ein Betrieb mit ETCS ausgerüsteten Fahrzeugen ist möglich.
- *Fehlende Vollständigkeitsüberwachung lokbespannter Züge:* Heute verfügen Triebzüge über ein Vollständigkeitsüberwachungssystem. Für die zuggestützte Vollständigkeitsüberwachung existiert bislang noch keine ausgereifte Lösung.

Dies ist insofern kritisch, als dass bereits ein einziger Zug ohne Vollständigkeitsüberwachung den Betrieb vieler anderer Züge innerhalb der für ETCS
Ausrüstungsstufe 3 vorgesehenen Strecke behindern kann.

- *Unbekannte Position des Fahrzeugs:* Dies kann zum einen durch den Ausfall von Sensoren auf dem Fahrzeug resultieren. Wird die Ortung zu ungenau,
verliert ein Level 3-Zug seine sichere Position. Dies kann dazu führen, dass
die ETCS Zentrale den Zug nicht einem Streckenabschnitt zuordnen kann.
Dies kann zum anderen aber auch durch den Verlust der Funkverbindung
geschehen. In diesem Fall ist der Zug für die Funkstreckenzentrale nicht sichtbar. Dies ist beispielsweise dann der Fall, wenn ein ETCS-Fahrzeuggerät in
den Rangiermodus schaltet, wenn es absichtlich abgeschaltet ist oder die Verbindung aufgrund von Funkstörungen verloren wurde. Es gibt keine Garantie
dafür, dass das Fahrzeug in der Zeit, in der es nicht mit der Funkstreckenzentrale verbunden ist, in diesem Bereich bleibt.
- *Datenverlust durch Ausfall der Funkstreckenzentrale:* Bei einem Neustart
der Funkstreckenzentrale gehen alle Informationen über die Züge in dem
betroffene Abschnitt verloren gehen.

Bei einer reinen ETCS-Ausrüstungsstufe 3 sind bei solchen Störungen im
Betriebsablauf komplexe betriebliche Handlungen auf der Rückfallebene
erforderlich, um wieder in einen geregelten Betriebsablauf überzugehen. Für die
Abbildung eines Mischbetriebs werden (reduzierte) streckenseitige Zugortungs-
abschnitte in mehrere virtuelle Unterabschnitte unterteilt. Dies führt zu folgenden
Abstandshalteverfahren zwischen den Fahrten von Zügen mit, bzw. ohne Fahr-
zeugeinrichtungen für ETCS-Ausrüstungsstufe 3:

- Ein für ETCS-Ausrüstungsstufe 3 ausgerüstetes Fahrzeuge kann einem mit
ETCS Level 3 ausgerüsteten Fahrzeug im Abstand der virtuellen Unterabschnitte folgen.
- Ein für ETCS-Ausrüstungsstufe 3 ausgerüstetes Fahrzeug kann einem nicht
ausgerüsteten Fahrzeug im Abstand der streckenseitigen Gleisfreimeldeabschnitte folgen.
- Ein nicht ausgerüstetes Fahrzeug kann einem für ETCS-Ausrüstungsstufe 3
ausgerüstetem Fahrzeug im Abstand der virtuellen Unterabschnitte folgen
(sofern dies signalisiert werden kann).
- Ein für ETCS-Ausrüstungsstufe 3 ausgerüstetes Fahrzeug kann einem nicht
ausgerüsteten Fahrzeug im Abstand der streckenseitigen Gleisfreimeldeabschnitte folgen.

Der Status „belegt" oder „frei" der virtuellen Unterabschnitte basiert dabei sowohl auf der Zugpositionsinformation vom Fahrzeug als auch auf der streckenseitigen Zugortungsinformation. Für einen virtuellen Unterabschnitt werden verschiedene signaltechnische Zustände eingeführt (Bartholomeus et al. 2018):

- *Status frei („free"):* Ein virtueller Unterabschnitt wird als „frei" bewertet, wenn die zugrunde liegende streckenseitige Zugortung „frei" meldet oder wenn alle Bedingungen erfüllt sind, um den virtuellen Unterabschnitt auf Grundlage der Zuginformationen sicher freizumelden. Aufgrund der Rückmeldung der streckenseitigen Sensoren besteht Gewissheit, dass sich kein Fahrzeug im virtuellen Unterabschnitt befindet.
- *Status belegt („occupied"):* Ein virtueller Unterabschnitt gilt als „belegt", wenn ein Zug sich als in diesem Abschnitt befindlich meldet (auf Grundlage von gemeldeter Zugspitze und erfasster Zuglänge. Die Streckenseite verfügt über eine gültige Positionsmeldung eines nicht-getrennten Zuges und hat Gewissheit darüber, dass kein anderes Fahrzeug dem diesem Unterabschnitt zugeordneten Fahrzeug folgt (Schattenzug).
- *Status: unklar („ambiguous"):* Die Streckeneinrichtung hat eine Positionsmeldung vorliegen, das sein Fahrzeug einen virtuellen Unterabschnitt belegt, aber es besteht keine Gewissheit darüber, ob nicht ein anderes Fahrzeug (Schattenzug) dem vorausfahrenden Zug folgt.
- *Status: unbekannt („unknown"):* Die Streckeneinrichtung hat keine Positionsmeldung des Zuges vorliegen. Es ist nicht sicher, ob der virtuelle Unterabschnitt frei ist.

Hybrid Level 3 wurde entwickelt, um die oben erläuterten Herausforderungen beim Einsatz von ETCS-Ausrüstungsstufe 3 durch Einsatz bereits vorhandener Technologie (z. B. mit einer begrenzten Anzahl an streckenseitigen Zugortungssystemen) zu lösen. Durch das Konzept wird die Einführung neuer komplexer Betriebsregeln für ETCS-Ausrüstungsstufe 3 vermieden. Dies bietet die folgenden Vorteile:

- *Mischbetrieb von Zügen mit und ohne ETCS-Fahrzeugausrüstung:* Nach der Durchfahrt eines Zuges ohne ETCS-Fahrzeuggerät setzt der Normalbetrieb automatisch ohne weitere betriebliche Maßnahmen wieder ein, nachdem der Zug einen physischen Blockabschnitt freigefahren hat.
- *Mischbetrieb von Zügen mit und ohne Vollständigkeitsüberwachung:* Es können auch Züge ohne Vollständigkeitsmeldung auf der mit ETCS-Ausrüstungsstufe 3 ausgerüsteten verkehren, wenn auch mit längeren Zugfolgezeiten (vergleichbar

mit denen in ETCS-Ausrüstungsstufe 2). Die Streckenkapazität erhöht sich mit steigender Anzahl an Zügen, die mit Vollständigkeitsüberwachung fahren. Dadurch ist es möglich, die Streckenkapazität deutlich zu erhöhen, ohne die kostspielige Installation zusätzlicher Technik im Außenbereich.

- *Betrieb von Zügen mit unbekannter Position:* Züge ohne Funkverbindung bleiben über die streckenseitige Ortung sichtbar. Dieses erleichtert die betrieblichen Abläufe sowie die Detektion von unerlaubten Fahrzeugbewegungen. Auch können Rangierfahrten, bei denen die Züge ihre Position nicht an die Funkstreckenzentrale melden unterstützt werden.

- *Unterstützung der Wiederaufnahme des Betriebs nach dem Neustart einer ETCS-Zentrale:* Für die Wiederaufnahme eines sicheren Betriebs nach-Störungen der Funkstreckenzentrale gelten ähnliche Abläufe wie im ETCS-Ausrüstungsstufe 2.

Was Sie aus diesem *essential* mitnehmen können

- Kenntnis der gesetzlichen Grundlagen und Spezifikationen zum European Train Control System (ETCS)
- Verständnis der verschiedenen systemtechnischen Ausrüstungsstufen von ETCS
- Kenntnis der verschiedenen fahrzeug- und streckenseitigen Komponenten von ETCS sowie der zwischen diesen bestehenden Schnittstellen
- Verständnis, wie die verschiedenen Betriebsarten den Bahnbetrieb unterstützen können

© Springer Fachmedien Wiesbaden GmbH, ein Teil von Springer Nature 2019
L. Schnieder, *Eine Einführung in das European Train Control System (ETCS),*
essentials, https://doi.org/10.1007/978-3-658-26885-5

Literatur

Bartholomeus, Maarten, Laura Arenas, Roman Treydel, Francois Hausmann, Norbert Geduhn, und Antoine Bossy. 2018. ERTMS Hybrid Level 3. *Signal + Draht* 110 (1+2): 15–22.

Bruer, Hubertus. 2009. Eurobalise S 21 – Eine Erfolgsstory. *Signal + Draht* 101 (7+8): 15–20.

Burkhardt, Klaus, und Jürgen Eisenmann. 2005. Technischer Netzbetrieb GSM-R. *Signal + Draht* 97 (7+8): 12–16.

DIN EN 50159:2011-04. Bahnanwendungen – Telekommunikationstechnik, Signaltechnik und Datenverarbeitungssysteme – Sicherheitsrelevante Kommunikation in Übertragungssystemen; Deutsche Fassung EN 50159:2010.

Geistler, Alexander, und Markus Schwab. 2013. ETCS-L2 – Zugsicherung mit alternativen Funklösungen. *Signal + Draht* 105 (7+8): 14–20.

Gralla, Dietmar. 1999. *Eisenbahnbremstechnik*. Düsseldorf: Werner.

Pachl, Jörn. 2006. *Systemtechnik des Schienenverkehrs – Bahnbetrieb planen, steuern und sichern*. Berlin: Springer.

Pachl, Jörn. 2016. *Systemtechnik des Schienenverkehrs – Bahnbetrieb planen, steuern und sichern*. Wiesbaden: Springer Vieweg.

Schnieder, Lars. 2019. *Automatisierung im schienengebundenen Nahverkehr – Funktionen und Nutzen von Communication-Based Train Control (CBTC)*. Berlin: Springer.

Stanley, Peter. 2011. *ETCS for Engineers*. Hamburg: Eurailpress.

Tasler, Gerd, und Volker Knollmann. 2018. Einführung des hochautomatisierten Fahrens – auf dem Weg zum vollautomatischen Bahnbetrieb. *Signal + Draht* 110 (6): 6–14.

UNISIG: SUBSET-037-EuroRadio FIS.

Winter, Peter, et al. 2009. *Compendium on ERTMS*. Hamburg: DVV Media Group GmbH.

© Springer Fachmedien Wiesbaden GmbH, ein Teil von Springer Nature 2019
L. Schnieder, *Eine Einführung in das European Train Control System (ETCS)*,
essentials, https://doi.org/10.1007/978-3-658-26885-5

Printed in the United States
By Bookmasters